CIENCIA HOY

TÍTULOS
PUBLICADOS

La construcción del cerebro, Alain Prochiantz.

LA CIVILIZACIÓN DEL GEN

Título original:
La civilisation du gène

Los Berrocales del Jarama
Apdo. 400 - Torrejón de Ardoz
Madrid - España
Telfs.: 656 56 11 - 656 49 11
Fax: 656 49 95
ISBN: 84-7600-633-0
Depósito legal: M-23087-1990
Impreso en Rogar, S. A.
C/ León, Fuenlabrada (Madrid)

FRANÇOIS

GROS

LA CIVILIZACIÓN DEL GEN

Traducción:
MARÍA ABELENDA SANTA-CRUZ

AKAL

INTRODUCCIÓN

Ya ha llegado. En menos de tres decenios, la biología molecular ha trastornado, poco a poco, el edificio completo de las ciencias de lo vivo: desde la teoría de la herencia, claro, hasta la embriología y las neurociencias, pasando por la fisiología vegetal. Algunos años habrán bastado para que este trastorno en el campo del conocimiento encuentre su traducción en patología y en medicina: de las investigaciones sobre el cáncer al estudio de la reproducción humana y del envejecimiento.

Y he aquí que, ante nuestros ojos, no es sólo la salud pública, sino también la agricultura, la ganadería y sectores enteros de la gran industria los que ven como se abren perspectivas inesperadas. La comercialización de los bioproductos está visiblemente llamada a modificar, en uno u otro sentido, el equilibrio del mercado mundial, y particularmente las relaciones entre el bloque de los países industrializados y el Sur. Se sabe que también está al alcance de la mano el dominio técnico del hombre sobre su filiación si no es, pronto, sobre la especiación.

Si, ya ha llegado: una civilización del gen está viendo la luz. Debemos, urgentemente, comprender el alcance de este considerable acontecimiento para sacar de él el mejor partido, si no queremos tener que soportar muy pronto sus peores consecuencias.

Tal es el mensaje esencial de esta obra. Ofrece al lector, en unas cuantas páginas claras como el agua, la historia de la biología molecular, el cuadro de la revolución biotecnológica, el enunciado de las cuestiones políticas, jurídicas y morales que plantea el advenimiento de esta civilización.

La apasionante historia que se nos cuenta es la de un fulgurante progreso. Si bien tiene sus orígenes, cercanos y lejanos, en las especulaciones de los filósofos y en los estudios de los naturalistas, desde Aristóteles hasta Lamarck, sólo se inicia realmente con la formulación de la teoría darwiniana de la selección natural, que hace desaparecer las nociones de escala de los seres y de economía de la naturaleza.

Al liberarse de estas nociones de origen teológico que dominaban todavía el pensamiento de los grandes comparatistas del siglo XVIII, Charles Darwin descubría en el orden de lo vivo un tipo inédito de causalidad. Se conoce lo esencial de su teoría: aparecen en los individuos pequeñas variaciones que, cuando representan una ventaja en la lucha por la apropiación del medio, son transmitidas a sus descendientes; de donde resulta, por selección y acumulación, una modificación progresiva de las especies.

Se ve que si este concepto de causalidad no es mecanístico, excluye también, a pesar de los equívocos que plantea el término selección, todo finalismo. Darwin, ante la incomprensión de sus adversarios, pero también a menudo de sus partidarios, tuvo que volver incansablemente sobre ello: la selección no es un poder de elección; la naturaleza no busca alcanzar una meta que se hubiese previamente fijado a sí misma. La selección no es otra cosa, una vez producida la variabilidad, que el efecto necesario de la concurrencia vital.

Tal es el punto de arranque. Puede ser fechado en la publicación del *Origen de las especies,* en 1859. Pero una vez iniciado este arranque, no bastó con proseguir el trabajo Darwin y, por ejemplo, responder a las preguntas que había dejado sin respuesta, según un esquema lineal de la historia de las ciencias en el que todavía se cree demasiado. Por el contrario, la historia de las investigaciones sobre lo vivo, que desemboca en los espectaculares éxitos que conocemos, se hizo paradójicamente en parte *contra* Darwin, incluso si ha tenido como resultado en nuestros días la confirmación en lo esencial de la teoría de la selección natural.

Para comprenderlo hay que recordar que la teoría de la selección natural es una cosa y que la idea de evolución es otra. Esta idea preexistía con mucho a los trabajos de Darwin; había sido reelaborada poco tiempo antes por el filósofo inglés Herbert Spencer. En 1851, extrapolando a partir de los recientes trabajos del embriólogo ruso de origen prusiano Karl Ernest von Baer, Spencer había enunciado una ley general de evolución que quería que «todo desarrollo orgánico [fuese] paso de lo homogéneo a lo heterogéneo». Se suponía que esta ley se aplicaba tanto al conjunto de las ciencias de la vida como a la sicología, la historia e incluso la cosmología. Una auténtica ideología, la ideología evolucionista, fue así sistematizada sobre esta base.

Es sin lugar a dudas y de forma particular porque había contribuido a abatir el dogma de la inamovilidad de las especies por lo que el propio Darwin no pudo deshacerse completamente de esta idea, sino ideología, y finalmente se dejó atrapar en algunos puntos en la trampa de un pensamiento que era, sin embargo, profundamente finalista, puesto que asignaba una meta a la marcha de la naturaleza.

Así, cuando Darwin aplica su pensamiento al delicado tema de la paleontología humana (*The ascent of man,* 1871), al problema de las razas o a la sicología, habla como evolucionista. Peor aún: este finalismo inspira incluso la hipótesis que formula sobre las causas de la variabilidad y los mecanismos de la transmisión hereditaria, que ignora. Hipótesis que excluye expresamente cualquier salto, por tanto cualquier mutación, y que asume la representación clásica de la transmisión como fusión o mezcla de los gérmenes parentales.

Del pensamiento de Darwin podríamos por tanto decir, como del de numerosos grandes pensadores, que no consiguió mantenerse hasta el fin contemporáneo de su propia novedad.

El gran zoólogo alemán Ernst Haeckel, al convertirse, desde 1860 y hasta su muerte en 1919, en infatigable propagandista de una versión darwiniana del evolucionismo, puesta al servicio de una teoría general del progreso, empujó al darwinismo por el mal camino, provocando un enorme malentendido histórico. ¡Basta con recordar que de su libro sobre *Los enigmas del Universo,* publicado en 1899, fueron vendidos cuatrocientos mil ejemplares en alemán, y que fue inmediatamente traducido a todos los idiomas!

El conjunto de la monumental obra de Haeckel se ordena, también él, en torno al enunciado de una ley, llamada ley biogenética fundamental, que, de acuerdo con la inspiración general de Spencer, plantea que «la serie de formas a través de las cuales pasa el organismo individual, a partir de la célula primordial hasta su total desarrollo, no es más que una repetición en miniatura de la larga serie de transformaciones soportadas por los antepasados del mismo organismo, desde los tiempos más lejanos hasta nuestros días». En términos más breves, según un aforismo aún célebre: «La ontogenia no es más que la recapitulación somera de la filogenia». El desarrollo del individuo reproduce en un atajo el de la especie.

Esta idea evolucionista contribuyó a cegar a los mejores naturalistas cuando tuvieron ante sus ojos en 1865, es decir, menos de diez años después de la publicación del *Origen de las especies,* los resultados obtenidos por Gregor Mendel sobre la hibridación de los guisantes expuestos en sus *Investigaciones sobre los híbridos vegetales.* Las cuestiones que planteaba Mendel sobre el reparto de los distintos «caracteres» (granos lisos, arrugados, verdes, amarillos, etc.) de generación en generación eran simplemente impensables en el marco de esta ideología, y el tratamiento matemático que daba sólo podía parecer incongruente.

Sería necesario medio siglo para que la verdad establecida por Mendel fuese «redescubierta» por Hugo de Vries, William Bateson, Thomas H. Morgan y algunos otros. Dicho de otra forma, durante cincuenta años esta verdad sencillamente no existió; no pudo inducir ninguno de los efectos de investigación y de experimentación que conlleva toda verdad científica y que la definen como tal.

¿Hay que hablar por ello de un retraso de la ciencia?

La andadura del progreso científico es, en realidad, tan poco lineal que nunca se puede hablar en términos de adelanto y de retraso sin arriesgarse a la caricatura.

La ideología evolucionista ciertamente ha sido mistificadora: consiguió engañar incluso a las mentes más brillantes de este siglo. Testigo es Freud que, desde los *Tres ensayos sobre la teoría de la sexualidad* (1905) hasta *Malestar en la civilización* (1929) se refiere a la ley biogenética de Haeckel para dar una base a algunos conceptos clave de su doctrina (la sublimación, la motivación incosciente, entre otros). Pero hay que añadir, como contrapartida, que al anticipar sobre la unificación de los distintos campos de la biología (paleontología, embriología, fisiología y teoría de la herencia) abrió la vía o impulsó investigaciones sin las cuales la biología molecular no hubiese podido ver la luz, o al menos ampliar hoy día tan rápidamente su campo de aplicación. Incluso, fuera del estricto campo de las ciencias de lo vivo, suscitó investigaciones sobre el comportamiento animal (George Romanes) o el desarrollo mental del niño (Wilhelm Preyer, James Baldwin) que se encuentran en el origen de la etología contemporánea (Konrad Lorenz) y de la sicología del niño (Jean Piaget).

Pero, en cualquier caso, no existía ninguna posible síntesis entre la ideología evolucionista y el mutacionismo mendeliano. ¿Cómo introducir la noción de mutación en el esquema recapitulativo de la ley biogenética, que pensaba todo en términos de progreso, es decir, ante todo en términos de continuidad?

Nueva «trampa» de la historia: fue finalmente gracias al mendelismo y a su extensión a la genética de poblaciones y luego a la biología molecular, aún a costa de varias reformulaciones, como llegó la confirmación de la teoría darwiniana de la selección natural, pero desgajándola a la vez y de forma definitiva de su cerco evolucionista.

Es otra historia la que se inicia, la que retraza esta obra. François Gros, que tuvo su participación en ella, describe admirablemente la constitución y la posterior expansión de la biología molecular. Me contentaré por lo tanto con resaltar que esta historia, otra vez, desafía cualquier esquema lineal e incluso cualquier «lógica» preestablecida.

Para que la biología molecular fuese posible, era necesario no sólo que la genética reencontrase su «estado» mendeliano, sino que también era indispensable que otras dos líneas de investigación, en origen completamente independientes, se hubiesen desarrollado: era necesario que la teoría celular (Rudolf Virchow: «toda célula proviene de otra célula», 1849) se hubiese impuesto y que una auténtica química de lo vivo se hubiese instaurado, en particular gracias a los trabajos de Louis Pasteur sobre las fermentaciones a partir de 1854. Era sobre todo necesario que los físicos llegasen, con Erwin Schrödinger en 1945, a establecer una unión inesperada entre las nacientes teorías de la información y los conocimentos que se tenían de lo vivo a nivel celular para que se diese el empujón que lanzase este movimiento.

Pero se observará también que, si bien el campo de la biología molecular fue así inaugurado, la influencia de las teorías de la información tuvo rápidamente, desde el final de los años sesenta, un efecto de obstáculo para la investigación. Como antaño la selección natural, el código genético se encontró, por decirlo así, envuelto por una ideología preexistente y omni-explicativa, el estructuralismo, que jugó a las analogías entre estructura codificada del material genético, estructura del lenguaje, estructuras del parentesco, estructura del inconsciente, incluso modos de producción, para intentar, con un eco comparable, unificar al conjunto de las disciplinas científicas en torno a una misma base teórica.

Como en su tiempo el evolucionsimo, la ideología estructuralista sólo tuvo, por mucho que se diga hoy en día, efectos mistificadores. Fue necesario que se manifestase una profunda «crisis de conciencia» entre las filas de los biólogos, según las palabras de François Gros, para que se forjasen los medios conceptuales de un relanzamiento y para que se realizase una audaz «subida» desde el estudio de la bacteria al de los organismos superiores y a la exploración de las grandes funciones de lo vivo.

Que los éxitos obtenidos desde entonces en la investigación fundamental hayan tenido, cada vez con mayor rapidez, incidencias prácticas y que estas incidencias sean cada vez mayores, es lo que que muestra el impresionante cuadro aquí esbozado de la revolución biotecnológica. Antiguo director del Institut Pasteur, luego consejero científico de los primeros ministros Pierre Mauroy y Laurent Fabius, François Gros, que ha sido por tanto durante estos últimos años, por más de una razón, uno de los actores de esta revolución, da al lector todos los elementos de información y de previsión a escala internacional. ¿Quién podría hacerlo mejor?

Al hilo de estas páginas surge una interrogación, explicitada en los dos últimos capítulos: ¿qué tipo de respuestas deben aportar los biólogos, como biólogos, a las preguntas que plantean hoy en día con insistencia simples ciudadanos y dirigentes?

Estas preguntas se nutren, como se sabe, tanto de esperanzas como de angustias. François Gros expone a plena luz la paradoja y la dificultad extrema de la situación: las investigaciones sobre el genoma humano van a permitir conocer y combatir las más terribles enfermedades hereditarias; pero las mismas investigaciones pueden ser puestas al servicio de un fichaje generalizado y conducir a lo que llama un «ostracismo genético sistemático», que se ejercería, como ya nos muestran algunos ejemplos, en las oficinas de empleo o de inmigración.

Son las mismas técnicas muy precisas de diagnóstico prenatal y de fecundación *in vitro* las que permitirán prevenir algunas de las catástrofes humanas más calamitosas y que reavivan de repente, en una versión molecular, el temido fantasma de una eugenesia de trágica memoria.

Se me permitirá pararme un instante, para terminar, sobre este último punto, ya que se situó en el centro de la primera descripción realizada para suscitar el terror de lo que podría ser una «civilización del gen». Recordamos en efecto que es un «sistema eugenésico a toda prueba» el que regula la vida, estandarizada y jerarquizada, del «mejor de los mundos» tal como lo imagina en 1932 el escritor Aldous Huxley, hijo del gran biólogo Thomas Huxley y hermano de Julian Huxley, uno de los fundadores de la teoría sintética de la evolución.

El mismo año en que su hermano se convertía en el primer director general de la UNESCO y declaraba que «debemos contar cada vez más con la elevación del nivel genético de las capacidades intelectuales y manuales del hombre» para resolver los problemas de la educación, Aldous Huxley mantenía en un nuevo prólogo a su célebre novela que «la única revolución auténticamente revolucionaria [sería ciertamente] la de la aplicación de las futuras investigaciones en biología a los seres humanos». Nadie ignora el siniestro cuadro que recrea de los efectos sociales esperados de esta «revolución última, personal».

Los términos de eugenesia y de eugenésico eran entonces, desde hacía muchos años, de uso corriente. Francis Galton, primo de Darwin, el padre de la sicología diferencial y de la biometría, los inventó y dio su primera definición en 1883. Galton considera que la selección natural tiene un papel negativo en la sociedad, ya que constata que las clases populares engendran más niños que las clases acomodadas. Ve en ello una amenaza para las naciones occidentales en su competición con las demás naciones. De ahí el programa para «desarrollar las razas más dotadas». En los Estados Unidos, en Inglaterra, en Alemania, se fundan rápidamente sociedades eugenésicas a fin de estudiar con medios estadísticos, preconizados por el propio Galton y luego por Karl Pearson, su discípulo y heredero espiritual, la herencia de las enfermedades mentales, del alcoholismo, etc. Estos institutos quieren fomentar la natalidad de las capas superiores de la sociedad mediante un sistema de ayudas a las familias elitistas y favorecer las investigaciones sobre la inseminación artificial. Estuvieron entre los inspiradores en los Estados Unidos del *Immigration Act* de 1924, que controla la inmigración procedente de la Europa central y mediterránea. También alentaron masivas campañas de esterilización de «anormales», que produjeron decenas de miles de víctimas en varios Estados americanos algunos años más tarde.

François Gros menciona en dos ocasiones la obra del

doctor Müller-Hill (*Tödliche Wissenschaf* Reinbek, 1984) que muestra cómo el fantasma eugenésico fue explotado por los nazis al servicio de la «solución final» y de la mejora de la «raza aria». Pero las posturas, ciertamente con otra tonalidad, de Julian Huxley al día siguiente de este horror, así como el reciente y notorio asunto de la conservación del esperma de los premios Nobel, del cual William Shockley se ha hecho el heraldo, muestrasn que el fantasma desafía las fronteras y el tiempo.

Se comprende la llamada a la vigilancia de François Gros, ya que nuestros medios de control y de dominio de la maquinaria genética son de una potencia y de una precisión no comparables con los del tiempo de la edad de oro, si se puede decir, de la eugenesia. Pero lo que también muestra es que, en el fondo, la cuestión no es un problema de la biología; se trata de una cuestión política, de derecho y de moral. En pocas palabras, es una cuestión de responsabilidad.

He aquí algo que no constituye el menor interés de esta pequeña obra: un biólogo de entre los más grandes y más comprometidos rechaza el biologismo. Si bien establece que algunas graves cuestiones sociales son imputables a la transmutación de la biología en «ciencia de intervención», si bien subraya que el ulterior desarrollo de algunas investigaciones es susceptible de ayudar a resolver estas cuestiones, rechaza la idea de que para todo problema social existiría una respuesta biológica.

Si, de nuevo: ya ha llegado. Pero la civilización del gen no es el mejor de los mundos. Ninguna fatalidad nos conduce hacia ella. Un movimiento se ha iniciado: a nosotros corresponde el saber sacar de él lo mejor para nuestro mundo.

Dominique LECOURT

I

LA BIOLOGÍA MOLECULAR

DE DARWIN AL NACIMIENTO DE LA GENÉTICA

Para apreciar el alcance de la inmensa conmoción cultural, económica y social que conllevan los recientes y rápidos avances de las ciencias de lo vivo, hay que conocer la historia de la que surgen. Esta historia se inicia esencialmente con la constitución de la biología molecular. Vamos a retrazarla a grandes rasgos.

Incluso si sus inicios penetran en un lejano pasado en el que brillan, con diversos méritos, los nombres de Aristóteles y de Galeno, de Vesale y de Descartes, y también los de los grandes naturalistas comparatistas del siglo XVII y del siglo de las Luces (Linneo, Adanson, Buffon, Cuvier, Geoffroy Saint-Hilaire y tantos otros), se puede decir que la teoría darwiniana de la selección natural constituye su presupuesto teórico e histórico más decisivo y, aún hoy en día más activo.

Se sabe que la representación discontinua, fijada y sacralizada de las especies había sido profundamente atacada por la obra de Jean-Baptiste Lamarck, cuyo discurso, el 11 de mayo de 1800, marca una fecha capital en la historia de la biología y cuya *Filosofía zoológica,* publicada nueve años después, se mantiene como uno de los más bellos monumentos. Pero con Charles Darwin, cincuenta años más tarde, se va mucho más allá del transformismo, es decir, de una hipótesis general que plantea, contra el fijacionismo, una evolución de las especies. Se accede a la primera auténtica formalización de los conocimientos sobre los seres vivos.

Se conoce lo esencial de la teoría darwiniana, apuntalada sobre un inmenso trabajo de encuesta y de observación, y fruto de una intensa y prolongada reflexión: los individuos están comprometidos en una lucha perpetua por la apropiación del medio; y esta lucha da ventaja a algunas pequeñas variaciones que aparecen en ellos. Por medio de la transmisión hereditaria y de la acumulación de estas variaciones favorables, las especies se transforman poco a poco. «Es a esta conservación de las variaciones favorables, y a la destrucción de las que son dañinas, escribe Darwin en el *Origen de las especies* (1859), a lo que aplico el nombre de selección natural o de supervivencia del más apto». Esta teoría, mediante conceptos sencillos y accesibles, articula de una forma coherente un número considerable de hechos procedentes de campos extraordinariamente variados: biogeografía, paleontología, anatomía y fisiología comparadas, morfología, embriología.

Las ideas darwinianas sobre la selección natural siguen siendo hoy en día fecundas y llenas de vida, y por tanto, discutidas. Han sido reactualizadas por Ernst Mayr en el marco de la teoría sintética de la evolución, que propone una explicación general de la diversidad genética de las poblaciones; en parte recientemente cuestionadas por las teorías neutralistas (el japonés M. Kimura) que presentan una evolución aleatoria de la estructura genética y que dejan al mecanismo de la selección únicamente un papel accesorio, o también completadas con nuevos postulados por los termodinámicos, partidarios de los sistemas de auto-organización, como Ilya Prigogine o Henri Atlan.

Pero si la teoría darwiniana representaba así una auténtica revolución científica, cuyos resultados e instituciones no hemos acabado de explotar, podemos decir, retrospectivamente, que para que la biología molecular fuese posible era necesario que al menos otras dos líneas de investigación se hubiesen desarrollado.

En efecto, la teoría de la selección natural, si bien aporta un primer gran principio para ordenar el mundo vivo racionalmente, no nos informa sobre la naturaleza propiamente dicha de éste, es decir, sobre lo que subyace a las propiedades morfológicas y funcionales de los seres vivos; no nos dice nada de los engranajes que los forman.

En consecuencia, la biología, para captar este formidable problema, ha tenido que adquirir una mayor precisión analítica e inventar otros formalismos. Para completar la teoría darwiniana, los investigadores iban a tener que llevar a cabo una auténtica zambullida en el interior de lo vivo. La teoría celular fue el primer paso en este camino. Esta teoría, claro está, no cayó repentinamente del cielo. Tiene su propia prehistoria.

El naturalista holandés Antoni Van Leeuwenhoek (1632-1723) es considerado como uno de los primeros sabios que usaron el microscopio para observar muestras procedentes de seres vivos. Robert Hooke, físico, astrónomo y naturalista, describió, en la misma época y por primera vez, la organización celular de un fragmento de corcho. También debemos al abate Spallanzani, en el siglo siguiente, descripciones de células vivas y en particular de los espermatozoides. Pero, a decir verdad, la célula fue a lo sumo un objeto de curiosidad hasta el principio del siglo XIX. Hubo que esperar los trabajos del biólogo alemán Matthias Jacob Schleiden en 1838 y sobre todo de su amigo Theodor Schwann para que se estableciese categóricamente la constitución celular de los vegetales y posteriormente de los animales. Schwann afirma explícitamente que hay que considerar la célula como la unidad elemental de la vida. Otros grandes biólogos confirmaron estos trabajos y descifraron algunos de los mecanismos de la división celular (Jean Evangelista Purkinje, Karl Wilhelm von Naegeli, Gottlieb Wilhelm Bischoff...). Pero es Rudolf Virchow, médico y político prusiano, el que, hacia mediados del siglo XIX, hace avanzar los conceptos de forma decisiva al anunciar en 1858 un aforismo aún célebre. *«Omnis cellula e cellula»,* toda célula procede de otra célula.

Para medir el alcance revolucionario de esta fórmula, hay que recordar que en la época de Lamarck y de Darwin los biólogos aún creían en la generación espontánea. Seguían pensando que los organismos inferiores, infusorios por ejemplo, son engendrados directamente a partir de la materia inerte, bajo determinadas condiciones.

¡Sin duda ya no estamos en la época en la cual el célebre químico flamenco Jan Baptist Van Helmont (1577-1644), discípulo de Paracelso, explicaba la generación de las sanguijuelas, babosas y ranas a partir del lodo de los pantanos, y la de los ratones por medio de «la transmutación de un saco de trigo envuelto en una camisa sucia»! Pero habrá que esperar los trabajos de Louis

Pasteur, cuya *Memoria sobre la fermentación láctea* está fechada en 1857, para que la idea de la generación espontánea sea definitivamente abandonada. Sabemos a qué oposición tuvo que hacer frente el propio Pasteur aún en su época; Archimède Pouchet ha inscrito su nombre en la historia gracias a este combate de retaguardia.

Con Pasteur y sus alumnos, una nueva disciplina inicia su auge, la microbiología, de la cual un médico francés, Casimir Davaine, se hizo el campeón. No son sólo la etiología y la prevención de las enfermedades infecciosas las que iban a ser «revolucionadas» por los trabajos de Pasteur; es en el plano teórico en el cual iban a favorecer el advenimiento de la biología moderna; una biología basada, en sus inicios, en la utilización de los modelos bacterianos, que Pasteur habrá preparado al focalizar el interés del mundo científico en los microbios.

Habiendo percibido la unidad del mundo biológico a través de la organización celular, los sabios van de ahora en adelante a interesarse por los mecanismos de funcionamiento de una célula. Nada se opone al abordaje de la química íntima de lo vivo.

Aquí también, como siempre, habría que retrazar una larga prehistoria para descubrir los antecedentes de esta idea. En efecto, se sabe que, desde el siglo XVII, los sabios tuvieron la intuición de que los fenómenos vitales podían ser explicados por el juego de fuerzas químicas. Un hombre, que acabamos de mencionar, domina esta línea de pensamiento, el de Paracelso. Pero la química no era por entonces más que alquimia; y por tanto sólo podía llevar estas investigaciones por caminos fantasmagóricos.

Con Lavoisier (1743-1794), las bases del problema van

evidentemente a cambiar. Este último no se contentó con introducir, como a menudo se enseña, el uso sistemático de la balanza y con formular el principio de la conservación de la masa y de los elementos químicos; pronto comprendió la extraordinaria importancia de la química en el estudio de los seres vivos. ¿Quién no recuerda su famoso aforismo «la respiración es una combustión»? Además, se interesó especialmente por las funciones que más tarde se llamaron metabólicas para descubrir la hemoglobina y explicar el origen del calor animal. En su obra se encuentra el germen de la energética celular.

Pero no podríamos evocar la obra de Lavoisier sin mencionar también la de su contemporáneo, el inglés Joseph Priestley. Teólogo y científico eminente, Priestley, tras interesarse por la electricidad, se apasiona con la química y lleva a cabo, en 1774, la primera producción de oxígeno por medio del calentamiento de óxido de mercurio; luego descubre el ácido clorhídrico, el dióxido de nitrógeno,... Con Lavoisier, comprende la importancia del oxígeno para los fenómenos vitales. Constata por ejemplo que un animal situado en un aire viciado muere por asfixia, y relaciona este fenómeno con la incapacidad en la cual se encuentra esta atmósfera para asegurar la combustión que es la respiración. Hay que añadir finalmente que Priestley fue el primero en reconocer el papel del oxígeno en la respiración de los vegetales.

El camino estaba desde entonces abierto al análisis químico de lo que constituye el entramado y el contenido de los seres vivos. Se observa que la vida es, químicamente hablando, una combinación fundamental de carbono, de oxígeno, de nitrógeno, de azufre y de fósforo. Otros tantos elementos ya encontrados en la materia inerte y que interaccionan según las mismas leyes en los cuerpos inorgánicos y en los cuerpos vivos.

Sobre la base de este primer gran principio unificador de lo vivo y de lo inerte, químicos y farmacólogos se envalentonan y dan, veintitrés años después de la muerte de Lavoisier, un golpe decisivo al animismo –que, según el médico y químico alemán Georges Ernest Stahl, atribuía a lo vivo virtudes específicas y planteaba que el alma tiene una acción eficiente sobre los músculos, el tubo digestivo, y regula el desarrollo del embrión. Por primera vez, con los trabajos de Jean-François Derosne sobre la narcotina en 1817, de Joseph Pelletier sobre la morfina, luego sobre la emetina y la quinina, se consiguen poner con precisión en relación las virtudes farmacéuticas de las plantas con las propiedades químicas de sustancias definidas, aunque aún no se hable de moléculas.

En 1828, Friedrich Wöhler consigue la primera síntesis de una sustancia presente en los seres vivos, la urea. ¡Luego, todo va muy deprisa! Alentados por sus éxitos, los químicos ya no se contentan con explicar las propiedades de los seres vivos, sino que escudriñan los mecanismos que actúan en ellos.

Se puede avanzar que la bioquímica nació el día en que el químico alemán Eduard Buchner consigue demostrar, en 1897, la relación entre la acción de la levadura como fermento y la presencia en los cuerpos celulares de una sustancia que se puede extraer. Se trata de la primera enzima descubierta: la zimasa. Buchner fue uno de los primeros que recibió el premio Nobel de química, lo que prueba que el alcance de su descubrimiento fue rápidamente comprendido. De ahí en adelante, la biología se va aconvertir en la ciencia de las enzimas.

Gabriel Bertrand, que formó a mi primer maestro en el Institut Pasteur, Michel Macheboeuf, y en Alemania Richard Willstater, atacan entonces la estructura de estos asombrosos catalizadores. Sus trabajos precisan su modo de acción y desarrollan notablemente las primeras nociones de «coenzimas», muy a menudo de naturaleza metálica.

En 1926, James B. Summer, un bioquímico americano, franquea una etapa más en esta aventura al ser el primero en conseguir preparar una enzima, la ureasa, en estado cristalino. Otro americano, John H. Northrop, lleva a cabo la misma proeza con otras dos enzimas conocidas desde hacia tiempo por sus actividades en los jugos digestigos: la pepsina y la tripsina. Summer y Northrop compartirán el premio Nobel en 1946.

Se entra entonces en una nueva era de las ciencias de lo vivo. La que conocí en los inicios de mi carrera como investigador: la de la cinética y de la termodinámica biológicas, con los trabajos del alemán Michaelis y del francés Charles Henry, los primeros en proponer una teoría, aún en vigor, que permite explicar la actividad de estos catalizadores de asombrosa especificidad que son las enzimas, auténticas obreras moleculares de la célula.

No entraré aquí a tratar en detalle las investigaciones que, gracias a Koschland y luego a Jacques Monod y Jean-Pierre Changeux, en los años setenta, van a conducir a asociar a la noción del «lugar activo» presente en una enzima la del lugar alostérico: al ocupar este lugar, se puede modificar la conformación de la proteína y con ello la afinidad del sustrato hacia la enzima; y por tanto también la velocidad de la reacción.

Si se toma la perspectiva necesaria con respecto a esta historia, choca la notable continuidad del camino recorrido: esto traduce una aproximación reduccionista y analítica de lo vivo, inspirada en principio por la química y luego por la fisicoquímica. Retendremos también que estas investigaciones llevaron a una explicación sintética y racional del metabolismo y de la energética. La vida es la catálisis. Los catalizadores son las enzimas. Y el gran banquero que proporciona energía es, para toda célula viva, una molécula fosforada cuyas uniones químicas contienen un potencial de hidrólisis —es decir, de escisión por absorción de agua— muy elevado: el ácido adenosín trifosfórico (ATP). Así, la unidad química de lo vivo se impuso claramente y aparece como una de las principales adquisiciones de la nueva biología después de la Segunda Guerra Mundial.

Cuando llegué en 1945 al Institut Pasteur, al servicio de bioquímica, con la firme intención de hacer biología, ¡no había más biología que la química! Yo ignoraba entonces evidentemente que la auténtica revolución de las ciencias de lo vivo estaba por llegar. Ésta sería preparada en una primera etapa por la junción de otra línea de investigación con la que acabo de caracterizar brevemente, línea que se relaciona con las leyes de la herencia. De nuevo, hay que volverse hacia la historia si se quiere comprender el significado de aquel momento.

Las primeras tentativas experimentales serias para llevar a cabo cruces y observar las consecuencias se remontan probablemente al francés Pierre-Louis de Maupertuis, mente brillante que sobresalió en todas las ramas del saber: matemáticas, física, literatura e historia natural. Sin embargo, es sin duda abusivo hacer de Maupertuis un precursor de Mendel porque haya propuesto una teoría particular de la herencia. Su marco teórico era tan distinto del de la genética actual que establecer la filiación sería ilegítimo.

Con Charles-Victor Naudin, botánico nacido en 1815, se iba a retomar de forma sistemática el estudio de las plantas híbridas. Enunciará, casi al mismo tiempo que Mendel, la ley de la pureza de los gametos que vamos a explicar, y puede ser por ello considerado como uno de los fundadores de la genética.

Esta ciencia sólo se inicia, hablando con propiedad, con la publicación por el monje de Brno, Gregor Mendel, en 1866, de los resultados de sus pacientes estudios estadísticos sobre el cruce de los guisantes. Mendel no se contenta con la idea, admitida desde hacia tiempo, según la cual los caracteres de los padres se combinan o se mezclan (Darwin) en su descendencia; estudia lo que ocurre con los caracteres tomados de forma individual. Organizando sus experimentos a gran escala, desde 1854 a 1863, estudia cerca de veintiocho mil plantas de género *Pisum* (guisante).

Primer descubrimiento importante: los caracteres individuales de los vegetales no se mezclaban en los híbridos, eran transmitidos como cantidades discretas. Esto le llevó a proseguir sus experimentos con las siguientes generaciones y a concluir que las plantas, como los demás organismos sexuados, se reproducen por medio de gametos: el polen macho y el óvulo hembra. En el proceso de reproducción, la totalidad de los genes (término que Mendel no emplea) que proporciona cada uno de los dos padres se divide por dos y cada gameto contiene un solo factor.

También se sabe que Mendel dio una forma matemática a los resultados de sus experimentos y pudo así escribir: «Los caracteres constantes que se encuentran en diferentes formas de un grupo de plantas pueden dar, por fecundación artificial repetida, todos los agrupamentos que indica la ley de las combinaciones».

Estos trabajos no fueron comprendidos por los mejores especialistas de la época, que tuvieron sin embargo un conocimiento directo e inmediato de ellos. Sólo al principio de este siglo se redescubrirán las leyes de Mendel, y se confirmará su universalidad y su validez tanto en el mundo animal como en el vegetal. Conocerán una auténtica resurrección a la que se dedicarán mentes como William Bateson en Inglaterra y Lucien Cuénot en Francia.

En esa época, los fenómenos de la meiosis y de la mitosis (la división del núcleo con o sin reducción del número de cromosomas) son conocidos. El alemán Walter Flemming y el belga Eduard Van Beneden precisan sus características citológicas, es decir, propias de la célula. El material nuclear, soporte de la herencia, es bautizado como cromosoma por Wilhelm Waldeyer en 1888. Los genes recibirán su bautizo del danés Wilhelm Johanssen en 1909.

Un biólogo alemán, Auguste Weissmann, considerado como el padre del neo-darwinismo, célebre por su oposición a la teoría lamarckiana de la herencia de los caracteres adquiridos, emite finalmente, en obras publicadas entre 1892 y 1902, la hipótesis del plasma germinativo. Si bien la terminología tiene una consonancia hoy en día obsoleta, el enunciado sigue en su fondo siendo cierto: el núcleo de la célula germinal encierra la sustancia hereditaria contenida en los cromosomas.

Hugo de Vries, a partir de estudios sobre los cambios de pigmentación de una planta-test (la *Oenothera*), acaba en ese momento de introducir la noción de mutación, variación brusca que afecta al material hereditario (1900). En los Estados Unidos, Thomas Morgan (1866-1945) y su colaborador Herman Muller, experimentando con un material extremadamente favorable –la mosca del vinagre o *Drosophila melanogaster,* comúnmente llamada drosófila desde entonces– edifican de 1910 a 1920 la teoría cromosómica de la herencia.

Los genes, llevados por los cromosomas, y localizados, según ellos, como las perlas de un collar, son las auténticas unidades hereditarias. Representan a la vez la unidad de variación (de Vries) y de transmisión (Mendel). Pueden soportar reorganizaciones (mediante *crossing over*) en el momento del apareamiento de los cromosomas parentales que sigue a la fecundación. Se puede entonces cartografiar los caracteres de un individuo determinando las posiciones relativas de sus genes presentes sobre los cromosomas. Es lo que se llama la topología genética (del griego *topos:* lugar), conocimiento de la repartición de los lugares de los genes.

Ha nacido la genética. Sus bases y sus teorías van a incendiar las mentes durante generaciones, hasta nuestros días. Pero sobre todo, vamos a verlo, con sus nuevos conceptos y después de los obtenidos del estudio de la célula y de las enzimas, va a permitir la deducción de un tercer gran principio unitario.

Empieza una nueva historia, no menos compleja que las que la precedieron.

LA CONSTITUCIÓN DE LA BIOLOGÍA MOLECULAR

Poco después de terminar la Segunda Guerra Mundial, se podía pensar que el recorrido de la biología estaba, conceptualmente hablando, prácticamente terminado. La lógica de lo vivo, se pensaba, había sido en lo esencial definitivamente desentrañada. ¿No se había entonces firmemente establecido que los genes, clave de la biología moderna, tienen bajo su mando la formación de las enzimas, esas proteínas capaces de todo, de las que dependen las principales funciones de lo vivo? ¿No habían Boris Ephrussi, George Beadle y Edward Tatum, gracias a sus notables trabajos, el primero con drosófila y los otros dos con *Neurospora,* una levadura, conseguido la junción entre genética y bioquímica, mostrando que a cada gen le corresponde una cadena proteica determinada? Es conocida la famosa ecuación por entonces triunfalmente enunciada: «Un gen, una enzima». En pocas palabras, los biólogos estaban convencidos de que, una vez conocido el funcionamiento de los genes, la célula había entregado todos sus misterios.

Quedaban sin embargo preguntas sin respuesta, y no eran minucias: ¿de qué están hechos los propios genes? ¿Cuál es exactamente su estructura fisicoquímica y mediante qué extraña magia se pasa de un gen dado de órdenes a las proteínas —los artesanos de la química celular—? ¿No era necesario imaginar una maquinaria precisa, alojada en la célula, a la vez capaz de comprender y de leer el código de los genes? ¿Y qué ocurre con el código en sí mismo? Preguntas muy embarazosas, que han obsesionado la conciencia teórica de los biólogos durante años.

Para contestar de forma adecuada, sería necesario levantar el obstáculo de una creencia por entonces casi universalmente aceptada, por extraño que pueda parecer hoy en día: se pensaba que los genes *eran* proteínas. Se recordaban las asombrosas capacidades de las enzimas y reinaba la convicción de que los otros componentes celulares, que las proteínas sólo intervenían a lo sumo como elementos de soporte.

Superando este obstáculo, se redescubrirá la muy curiosa sustancia que un joven químico suizo, Friedrich Miescher, consiguió aislar en 1869, el mismo año en que Mendel presentó su célebre segunda memoria sobre los híbridos vegetales. Esta nucleína, sustancia del núcleo, abundantemente presente en los leucocitos, esos glóbulos sanguíneos que defienden al organismo de los agentes patógenos, así como en la lechaza de salmón, no era otra que el ácido desoxirribonucleico, ADN en abreviatura, que no recibirá su denominación hasta que fue precisada su estructura química.

No volveré sobre el cúmulo de investigaciones que condujeron al abandono de la idea de genes constituidos exclusivamente por proteínas; y luego a la identificación del ADN, descubierto por Miescher, como la molécula clave mediante la cual todo lo vivo celular se perpetúa. Ya he relatado lo esencial de esta apasionante historia en mi obra *Les secrets du gène* (Odile Jacob, 1986). Citaré simplemente, como recordatorio, los decisivos trabajos del neumococo (1944) y los de Hershey Chase sobre el sistema de transferencia de la información genética en el bacteriófago (1952).

En cambio, no me parece inútil, antes de examinar las respuestas que la investigación de las propiedades del ADN ha permitido aportar a las preguntas sin respuesta, atraer la atención sobre un importante aspecto epistemológico del nacimiento de la biología molecular.

Se sabe qué papel de solicitud y de modelo, desde muchos puntos de vista determinante, han tenido las ciencias exactas en la historia de las ciencias de lo vivo, ya se trate de la mecánica con Descartes, de la química con Lavoisier y Pasteur, o del cálculo estadístico con Mendel. Pero, a partir de 1950, son los físicos nucleares y los cristalógrafos los que entran en escena y moldean realmente el nuevo rostro de la biología —el que conocemos hoy en día—. Estamos entonces —¿hay que recordarlo?— en la época en que florecen las teorías de la información y en la que la electrónica comienza a imponerse: William Shockley descubre el transistor y aparecen los primeros ordenadores. Un físico austriaco, Erwin Schrödinger, célebre por sus magistrales contribuciones a la mecánica ondulatoria de la cual Louis de Broglie había planteado los principios, empieza a interesarse por los fenómenos de lo vivo. En 1945, publica una obra que inmediatamente causa sensación. Bajo el título *¿Qué es la vida?,* trata las cuestiones clave levantadas por la genética y establece una unión conceptual entre las teorías de la información y los conocimientos entonces disponibles sobre las macromoléculas celulares. Se puede decir que plantea las bases de la biología molecular.

En 1952, James D. Watson y Francis Crick aportan un primer elemento de respuesta a la pregunta fundamental planteada por Erwin Schrödinger siete años antes. La vida se explica por los genes, y los genes están localizados en una molécula, el ADN, muy larga y con forma de doble espiral, presente en toda célula. Su estructura es rápidamente establecida por rayos X por Maurice Wilkins. Así surge el célebre modelo de la doble hélice, objeto tanto de caricaturas como de fieles reproducciones, y del cual el propio Salvador Dalí celebró, a su manera, la admirable estética. Esta estructura, hecha de dos cadenas paralelas y complementarias, unidas entre sí por uniones fácilmente disociables, explica notablemente la transmisibilidad de los caracteres en cada división celular: una vez separada una de otra, cada cadena inicia, como lo haría un cristal, la formación de dos dobles hélices idénticas a la estructura original.

Este modelo está realmente en el centro de la biología que está renaciendo. Todos nuestros conocimientos sobre los mecanismos íntimos de la reproducción del material genético derivan de él, así como los que hemos adquirido sobre la transferencia de la información que se materializa en la fabricación de las proteínas. La muy notable obra de James D. Watson, titulada *La doble hélice* (1968), da una visión tan viva como objetiva sobre lo que fue la andadura de aquellos cuyos nombres son, desde entonces, inseparables de la historia de nuestra ciencia.

Una de las etapas clave en esta asombrosa odisea, que cubre el período comprendido entre mediados de los años cincuenta y finales de los sesenta, será el descubrimiento del código íntimo de la célula, es decir, del código genético.

Las geniales intuiciones de sabios como Francis Crick o Georges Gamow encuentran su prolongación experimental en los trabajos de Marshall Nirenberg y desembocan en una de las realizaciones más espectaculares de la ciencia contemporánea: el desciframiento completo de las sesenta y cuatro combinaciones de nucleótidos, es decir, de los eslabones de la cadena del ácido nucleico (también llamados codones o tripletes porque están formados por tres elementos yuxtapuestos, los nucleótidos, cada uno de los cuales está formado por una base, un azúcar y un átomo de fósforo).

El análisis (se podría decir la disección) de las etapas bioquímicas que jalonan la transposición de este código de tres letras y sesenta y cuatro combinaciones en un código de una letra y veinte combinaciones representa un magnífico éxito de la biología contemporánea. Pasa por el descubrimiento, en 1961, de los ARN mensajeros (François Jacob, Jacques Monod, François Gros), copias efímeras de los genes que sirven de matriz de ensamblaje para la síntesis de las proteínas.

Sin embargo, serán necesarios no menos de unos quince años de encarnizados trabajos para que, poco a poco, se esclarezcan todos los elementos de la sorprendente maquinaria que permite este ensamblaje, ¡con una velocidad de quinientos eslabones por minuto, y con una frecuencia de error irrisoria!

El descubrimiento de los ribosomas, partículas ricas en

ARN, de las cuales Jean Brachet y Torbjörn Caspersson ya habían estudiado las propiedades en 1950, el de los ARN de transferencia, adaptadores moleculares que disponen cada aminoácido frente a cada triplete particular del mensajero, y luego de las enzimas de activación y de los innombrables factores de la traducción (es decir, del paso del código al mecanismo químico), ilustran el asombroso poder analítico de la biología molecular.

Quedaba una última cuestión: la de la influencia del medio sobre los genes. Ciertamente, se tiene por entonces la convicción de que los caracteres adquiridos no son transmisibles. El organismo se adapta, desarrolla nuevas funciones gracias al aprendizaje, pero lo adquirdo no es convertido en innato. ¡No pasa a los genes! Para que los descendientes lo hereden, tienen que encontrar un lugar en el mismo contexto ambiental que sus padres y que las propiedades de sus genes (el famoso genotipo) lo permitan.

Pero si la estructura de los genes no conserva la huella de los numerosos adquiridos fisiológicos o intelectuales del individuo, esto no significa en ningún caso que el medio, entendido en el sentido de la experiencia, no pueda modificar de forma transitoria el propio funcionamiento de los genes. Se sabe de qué forma los primeros, Jacob y Monod, gracias al descubrimiento de los genes de regulación, pudieron desvelar la cibernética de los genes: mientras que la mayoría de los genes ordenan las actividades de la célula o la morfología por medio de proteínas cuyas síntesis determinan, existe en la fábrica celular una jerarquía notable y muy lógica. Los genes reguladores, mediante las proteínas que fabrican, modulan en uno u otro sentido (actividades o represores) la actividad de los genes estructurales.

Hace unos veinte años, los biólogos tenían por tanto de qué estar satisfechos. El formalismo preciso del que hasta entonces carecían las ciencias de la vida empezaba a ser desvelado con el dogma central: ADN → ARN → proteínas, así como con el descubrimiento del código y de los circuitos de regulación. La biología, que había sido en sus inicios una ciencia de inventario y de clasificación con los comparatistas del siglo XIX, luego una ciencia estadística con los genéticos y finalmente una potente disciplina analítica con los bioquímicos de antes de la guerra, se convirtió en una ciencia de códigos y circuitos. Con ello, se emparentaba de forma extraña con la micro-electrónica y la informática. Biólogos y físicos podían entonces entenderse, adherirse a objetivos semejantes y compartir los mismos entusiasmos por un universo que aparentemente empezaba a desvelar sus secretos.

Sin embargo, este período, marcado por la publicación del libro de Jacques Monod, *El azar y la necesidad* (1970) pasará a la historia como el fin de una época antes que como una etapa triunfal en el camino de una ciencia en progreso.

¿Es el fatalismo científico que profesa el mismo Monod en su célebre obra, en la que llama a sus contemporáneos a celebrar con él las virtudes de una austera «ética del conocimiento»? Recordemos la sentencia: «La ciencia ignora los valores: la concepción del universo que impone hoy en día está vacía de toda ética». ¿Se trata de la sofocación de una disciplina cuyos protagonistas desean parar un momento para reflexionar mejor sobre lo adquirido?

Pero la biología y los biólogos, en su notable avance molecular, se habían aislado algo del mundo. ¿Cómo no extrañarse de su ignorancia acerca de algunas realidades sociales y económicas sobre las cuales la biología tenía que producir un profundo impacto? Es el momento en el cual un científico como Erwin Chargaff llega a clamar, no sin amargura, que la biología molecular nunca hizo progresar la medicina. Diógenes de los tiempos modernos, cubre de sarcasmos la soberbia de los nuevos adeptos de una ciencia de la que ridiculiza el espléndido aislamiento. Los únicos progresos llevados a cabo por la medicina se deben, a sus ojos, al uso de los antibióticos y de los esteroides, fruto de las investigaciones realizadas por numerosos bioquímicos de antaño. Chargaff quizás deje volar demasiado libremente lo que podría parecer un rencor personal; dice sin embargo en voz alta lo que entonces piensan muchos, sin atreverse a expresarlo.

Hay que reconocerlo: la biología de esa época, con sus modelos un tanto secos, más aptos para satisfacer a los rigurosos matemáticos que a los naturalistas, con sus circuitos, sus dogmas y sus códigos, parece a los ojos de muchos más bien fría y esotérica. Es cierto que entonces los lingüistas más formalistas se apropian de sus resultados e intentan, con su autoridad, establecer la posición de ciencia piloto de su disciplina en el campo de las ciencias humanas; y vemos, en el mismo momento, como la antropología, comprometida en su fase «estructuralista», toma el relevo. Es toda una coyuntura la que habría que evocar aquí, en la que para terminar, Jacques Lacan, combinando las lecciones del lingüista Roman Jakobson y del antropólogo Claude Lévi-Strauss para fundar la modernidad científica de la relectura de Freud, viene a inscribirse con todo el deslumbramiento de su retórica y el crédito intelectual y social entonces creciente del sicoanálisis.

Al tratar la vida como una serie de interacciones moleculares, ¿no desertó la biología de las grandes cuestiones, a pesar de sus victorias? ¿Qué hace por el hombre, por su salud, por su bienestar, incluso, puesto que el ecologismo se encuentra en pleno auge, por su entorno? Éstas son las preguntas que por aquella época se impusieron.

¿Hay que hablar de una «crisis de confianza» que habría afectado específicamente a las ciencias de la vida? ¿Y en qué medida no hay que relacionar este momento de indecisión con el contexto más general de desconfianza con respecto al cientismo y al tecnicismo que iba a encontrar su más total y virulenta expresión en mayo de 1968? La pregunta sigue planteada. Lo que es seguro, es que a partir de esa fecha, los conceptos y los métodos de la biología molecular van a ser llevados a campos de estudio separados de la genética, durante mucho tiempo dejados de lado. Es, especialmente, el caso de los estudios sobre el cerebro y el sistema nervioso.

LA SUBIDA HACIA LOS ORGANISMOS SUPERIORES

La exploración de las neuronas, de sus actividades y de sus comunicaciones seguía siendo asunto casi exclusivo de los neuroanatomistas y de los neurofisiólogos, incluso si, en un nivel de integración superior, añadían su grano de arena sicofisiólogos y siquiatras. Los biólogos moleculares aún no se habían atrevido a atacar lo que era una *terra incognita.*

Gunther Stent no duda en escribir y en profesar que la edad de oro de la biología molecular (la del gen) se ha terminado. Anuncia un cambio de intereses hacia las neurociencias. Y, de hecho, un gran número de biólogos moleculares deciden convertirse en neurobiólogos: Marshall Nirenberg, el hombre que descubrió el código; S. Benzer, el inventor de la genética fina del bacteriófago, y, un poco después, el propio Francis Crick.

Este movimiento de gran amplitud y de un notable sincronismo va a dar lugar, a partir de 1978, a lo que algunos han llamado la neurobiología molecular: el estudio de los principales componentes de la neurona por medio de la ingeniería genética y de los anticuerpos monoclonales.

Otros biólogos moleculares, que temen las dificultades planteadas por las neurociencias, querrían sin embargo poder pasar al estudio de los organismos superiores. *Escherichia coli* —así llamada porque, descubierta por Karl Escherich, se aloja en el colon— es ciertamente una valiosa bacteria, huésped natural del hombre, organismo muy sencillo, desprovisto de núcleo, con un genoma relativamente pequeño, una tasa de división muy rápida, por lo que constituye un material ideal para el análisis genético; y, por mucho que Monod diga que «todo lo que es cierto para *Escherichia coli* es cierto para el elefante», son muchos los que a finales de los años sesenta querrían atacar el mecanismo de la diferenciación celular y del desarrollo de los eucariotas, es decir, de las células de los organismos superiores, que, en oposición a las de los procariotas (bacterias, algas...), poseen un núcleo bien definido, encerrado en una membrana especial. François Jacob pertenece a este grupo, así como Sidney Brenner. Tras varias tentativas, el primero se convertirá en el campeón del desarrollo del ratón, mientras que el segundo se interesará en el de un nemátodo, un helminto, minúsculo gusano que sin embargo posee un sistema nervioso complejo y una auténtica musculatura.

La ambición de Jacob es poder estudiar con exactitud las primeras fases del desarrollo del ser organizado; ir por tanto más allá de lo que habían hecho los embriólogos tradicionales, al explicar los algoritmos moleculares y celulares del inicio de la embriogénesis. ¡Formidable desafío, en una época en la que únicamente el huevo de los batracios (rana, *Xenopus*) se presta a estudios de embriología cuantitativa! Jacob, y con él otros, piensan que tendría mayores ventajas trabajar con mamíferos. Por entonces ya se sabe que el ratón se presta bien a los estudios de genética: un elevado número de mutaciones han sido observadas y catalogadas. Pero también se sabe que su huevo es pequeño, y por tanto algo refractario a las investigaciones de la bioquímica y la biología molecular. Por suerte, Béatrice Mintz, Boris Ephrussi y algunos otros han mostrado que en este pequeño mamífero existen tumores del tejido germinal, llamados carcinomas embrionarios o teratocarcinomas, que manifiestan propiedades similares a las de los blastocitos normales, pero con la valiosa diferencia de que son cultivables y de que se prestan al análisis bioquímico. Se descubrió así que en algunos se puede provocar *in vitro* la diferenciación en una gran variedad de tejidos. Estos teratocarcinomas del ratón se van a convertir por tanto en el modelo elegido por el Institut Pasteur en la línea abierta por François Jacob.

En el caso de Sidney Brenner, en Cambridge, será, lo hemos dicho, el memátodo, y en el de S. Benzer, en la universidad de Purdue (Indiana), la drosófila. Algunos neurobiólogos prefieren el gimnoto, especie de pez torpedo que tiene abundantes receptores de acetilcolina; se sabe que la acetilcolina, neurotransmisor que interviene en la excitación de las células, se encuentra en todo el reino animal y, en los vertebrados, en todos los nervios motores y sensoriales, en las sinapsis, etc. Otros escogerán la aplisia, un caracol marino que se encuentra con frecuencia en las costas atlánticas. Finalmente, estarán los que, como yo, deciden enfrentarse con los músculos de los grandes y pequeños mamíferos, ¡sin olvidar los que se vuelcan en los glóbulos rojos del pato o del hombre!

Si se puede extraer una lección general de esta cacería de modelos, quizás sea que es reveladora de una andadura propia de las ciencias experimentales: cuando los investigadores se quedan sin conceptos, cambian de modelos y se vuelven a transformar en naturalistas, ¡como si se buscasen nuevas provisiones de desconocido!

Sea como fuere, varios tipos de razones, cuya importancia relativa es difícilmente apreciable, no tardaron en volver a situar a la biología molecular en el centro de las preocupaciones sociales. Aislaré dos, que me parecen las más importantes. La primera proviene de la reacción de las industrias farmacéuticas, en pleno auge desde el fin de la guerra, que, sometidas de repente a la presión de los ecologistas, han percibido mejor la necesidad de utilizar modelos celulares o moleculares para informar al público de las acciones positivas, nocivas, iatrogénicas, o generadoras de enfermedad de los productos comercializados.

La segunda tiene que ver con determinada evolución de la medicina y con la reforma de los estudios médicos. Disciplinas de investigación hasta entonces consideradas patrimonio casi exclusivo de los médicos o, a lo sumo, de los patólogos, empiezan a inspirarse en la biología molecular. Es el caso de la virología, de la inmunología, de la cancerología y de la neurobiología.

En el origen de estas aproximaciones, ¿hay que buscar médicos o biólogos moleculares? ¿No se trató más bien de una convergencia de intereses, que no habrían sido todos de orden estrictamente intelectual? Es lo que recientemente sugería L. Thomas, el antiguo presidente del muy reputado Sloan Kettering Cáncer Center de Nueva York, una de las mentes que tiene en los Estados Unidos fama de ser de las más lúcidas en materia de filosofía de las ciencias: «No recuerdo haber oído pronunciar la palabra compuesta *biomédico* cuando era estudiante de medicina. Pienso que fue introducida poco después de la Segunda Guerra Mundial e, imagino, creada según las reglas de la jerga tras un acuerdo tácito entre las dos comunidades, que esperaban conseguir de él un beneficio de reconocimiento público. Los médicos que se dedicaban a la investigación debieron apreciar el prefijo *bio,* debido al prestigio que pudo otorgar a la profesión; por su parte, los biólogos propiamente dichos debieron sentir alguna necesidad del sufijo *médico,* que pudo ayudarles a conseguir sus subvenciones por parte del gobierno».

No por la crudeza de sus términos hay que rechazar el fondo de este diagnóstico. Las ciencias de lo vivo indudablemente volvieron a ser algo organicistas –retomaron como objeto de estudio los organismos. Sus objetivos de investigación, claramente enunciados, lo prueban: mecanismos de la virulencia, patologías socioprofesionales, anomalías hereditarias, cánceres, trastornos del comportamiento..., y a un nivel aún más general, reproducción humana y envejecimiento. A lo que hay que añadir que, empujados por los movimientos anticonsumistas, los biólogos empezaron en ese mismo momento a interesarse también por los ecosistemas.

Pero todo esto sin duda no bastaría para explicar el relanzamiento de popularidad de que gozan hoy en día las ciencias de la vida; ni, inversamente, el reflejo de rechazo que a veces provocan. Sin duda se debe al auge de la ingeniería genética y a sus consecuencias en biotecnología esta ambivalencia apasionada de la opinión pública con respecto a ellas.

EL GIRO DE 1972

Quizás se recuerde que es en 1972 cuando se inicia este nuevo giro decisivo de la biología molecular. Fue el año de las primeras publicaciones que trataban de las técnicas de recombinación artificial que permitirían la clonación, la reproducción de copias conformes de los genes así como su purificación a gran escala, o su transferencia en células según modalidades que transgreden las barreras naturales de la especie.

Sin duda por primera vez desde la epopeya pasteuriana, el público redescubre, con estas audaces técnicas, las ciencias de la vida. Al mismo tiempo, se da cuenta de que pueden ser incómodas, igual que las ciencias del átomo. El mundo de los que toman decisiones, el de los políticos y los industriales, comprende al mismpo tiempo que ha nacido una tecnología moderna, a la vez motor y producto de las ciencias biológicas. de la cual se pueden esperar consecuencias prácticas importantes, sino revolucionarias, en el campo de la salud pública, de la agricultura, de la ganadería, de la producción de energía, de la química, y del entorno... La biología se convierte, de forma muy manifiesta, en una ciencia de intervención. No se tardará mucho en comprobar que puede incluso convertirse en campo de negocios.

He insistido en el giro que relanzó la investigación hacia nuevos horizontes porque me parece fundamental para comprender las adquisiciones recientes de la biología molecular, y sus incidencias sociales más actuales. No habría, sin embargo, que concluir que desde ahora se haya relegado el modelo bacteriano a las catacumbas, en algún rincón de una historia ya pasada; y que haya pura y simplemente cedido su lugar a los organismos más elaborados. La investigación nunca progresa de esta forma. Lo que ha ocurrido es muy distinto: los microorganismos en general y *Escherichia coli* en particular se han visto, dentro de este mismo movimiento, sometidos a una segunda exploración, aún más minuciosa. Los anglosajones dirían que su dominio fue *revisited;* y, como era de esperar, se comprobó que las diferencias entre las células de estos microorganismos y las de los eucariotas son menos tajantes que lo que se había pensado. Por ejemplo, los elementos de regulación genética encontrados en ellos tienen algunos puntos en común con los de los organismos superiores.

J. Yaniv incluso caracterizó en *Escherichia coli* proteinas curiosamente emparentadas con las que se encuentran asociadas al ADN de los cromosomas de plantas y animales: las histonas. Es más, algunos procesos ligados al transporte de las proteínas bacterianas a partir de su lugar de formación hasta el medio ambiente han sido desvelados (M. Schwartz) y presentan, también ellos, características similares a las que se observan en la secreción de las proteínas en los eucariotas (C. Blobel).

Sin embargo, no cabe duda de que, al lado de estos perfeccionamientos en el estudio de la célula microbiana, se ha franqueado una etapa: nos hemos enfrentado a fenómenos fisiológicos de una complejidad creciente.

Algunos ejemplos permitirán ilustrarlo. Por ejemplo, y en primer lugar, el estudio de la cibernética del gen en los grandes organismos.

En las bacterias, lo esencial de los fenómenos de regulación de los genes encuentra su explicación en el famoso modelo del operón, propuesto por Jacob y Monod en 1960. Recordemos que este modelo implica la existencia de genes topológicamente reagrupados, que son así mandados en bloque, por medio del juego de represores o de activadores proteicos que actúan a nivel de secuencias operadoras particulares.

En los organismos superiores, los estudios posibilitados por la ingeniería genética revelan la existencia de mecanismos infinitamente más complejos, incluso si algunos principios generales siguen siendo los mismos, como la interacción de una proteína-señal con su operador. Así se pone en evidencia una gran diversidad de secuencias genéticas dianas, cercanas al lugar en el que se inicia el reconocimiento del gen por las transcriptasas, es decir, las enzimas que catalizan la transcripción de los genes en

ARN, primera etapa de la expresión genética. Estas secuencias dianas sirven para la recepción de una pluralidad de proteínas reguladoras. Algunas de estas proteínas son comunes a la mayoría de los genes, otras son específicas a alguno de ellos, finalmente, otras sólo intervienen cuando el gen funciona en un contexto tisular particular.

El conjunto de las proteínas reguladoras y de las transcriptasas puede formar ensamblajes tridimensionales; por lo que imprime al material genético configuraciones en el espacio de las que se han empeado a descifrar las leyes. Está, por tanto, naciendo una auténtica fisicoquímica de la interacción proteína-ADN. Se observa que hace intervenir regiones discretas de las cadenas proteicas, llamadas dominios reguladores; dominios que adoptan una configuración en dedos de guante.

Pero parece que hay que hacer intervenir otro factor esencial en el mando de la actividad genética, a saber, las modificaciones químicas que se producen en las propias enzimas reguladoras. Efectuadas por enzimas particulares que modifican sus propiedades, estas modificaciones, llamadas post-traduccionales, consisten la mayoría de las veces en fosforilaciones producidas por las quinasas específicas.

En el campo de la biología general de los eucariotas, otra adquisición importante consiste en el descubrimiento de los mecanismos que aseguran la propagación de una señal externa (hormona, neurotransmisor, factor de crecimiento) desde la membrana hasta el límite del núcleo. Se da a menudo el nombre de transducción a estos fenómenos. Es este un descubrimiento capital porque permite explicar muchos aspectos, hasta entonces misteriosos, de la homeostasis celular normal, pero también, como veremos, del estado canceroso. Sabemos que se designa por homeostasis al estado de un sistema que compensa mediante una serie de reacciones las variaciones de las cuales es la sede y tiende a volver al estado inicial.

En algunos años se ha sacado a la luz la cascada de acontecimientos que se ponen en marcha cuando una célula es activada por un factor cuya función es la de estimular su crecimiento. La mayoría de las reacciones bioquímicas y de los intermediarios moleculares (llamados con frecuencia segundos mensajeros) han sido descritas.

Estos trabajos han desembocado en el descubrimiento de un nuevo ciclo de modificaciones intracelulares, que permite describir en sus mínimos detalles la manera en que una célula vegetal o animal obedece a las señales químicas emitidas por otras células. Tocamos aquí al formidable problema de la comunicación celular.

Desde estos últimos diez años, se empiezan a comprender mejor mecanismos tan complejos como la movilidad intracelular, la secreción, la contracción, las migraciones vectoriales, los fenómenos de adhesión y de fusión, o también de deformación, relacionados con lo que se llama la biomecánica. Las propiedades fisicoquímicas de la mayoría de las microestructuras celulares como las moléculas de guía (fibronectinas) o las de unión (adesina) empiezan a ser conocidas. A medida que se acumulan datos, se precisa a nivel molecular todo lo que confiere a las células de los organismos superiores sus asombrosas facultades de diferenciación, de ensamblaje tisular, de comunicación y de movimiento. Pero al elevarnos más en la escala de las complejidades de lo vivo, nos vemos enfrentados a otros problemas de arquitectura y de constitución de conjuntos celulares cuando se quiere explicar la geometría espacial de un embrión y del individuo al que dará lugar.

Desde hace tiempo, embriólogos y biólogos celulares se habían interesado en la morfogénesis global de los seres vivos. Buscaban la naturaleza de las informaciones que dictan a los tejidos, a los órganos o a los miembros sus posiciones respectivas en el espacio así como sus dimensiones. Este campo de investigación, particularmente delicado, se ha beneficiado recientemente de sorprendentes descubrimientos. Una nueva categoría de genes ha sido identificada, los que podríamos llamar los genes arquitectos.

Sabemos ahora que la mayor parte de los embriones, desde el de la mosca hasta el del hombre, son construidos como un juego de mecano: consisten en ensamblajes de segmentos que, para una especie dada, están presentes en un número finito y tienen cada uno un destino preciso; es el caso, por ejemplo, de los segmentos torácicos y abdominales del insecto sobre los cuales vendrán a adaptarse patas, alas, cabeza, o antenas, pero también de los discos mesodérmicos en los mamíferos, o somitas, esos elementos de la hoja del embrión llamada mesodermo, que proporcionan las principales masas musculares. Además, cada uno de estos módulos posee un determinismo genético autónomo. Puede en algunas condiciones, después de determinadas mutaciones, por ejemplo, evolucionar por su cuenta independientemente de la arquitectura global; lo que conducirá a la génesis de individuos anormales.

Los especialistas conocen desde hace tiempo estas monstruosidades: drosófilas con dos tórax, o con dos pares de alas, o también con antenas en lugar de patas. Se sabe hoy en día que unos genes particulares determinan el número y la polaridad de los segmentos; otros, los genes homeóticos, definen su porvenir. En general el curso de la enbriogénesos es normal porque estos genes homeóticos se comunican entre sí y porque se instaura un equilibrio preciso en su funcionamiento. Pero si esta comunicación y este equilibrio son defectuosos, puede aparecer un desarreglo que abrirá la puerta a la teratogénesis, génesis de monstruosidades.

LA BIOLOGÍA MOLECULAR FRENTE AL CÁNCER

Por primera vez, se ha tendido así un puente entre la embriología, ciencia generalmente descriptiva, y la genética y la biología molecular. La patología también entra en una nueva era gracias a los recientes progresos de la biología. Los avances más espectaculares han sido, sin duda, realizados en este campo clave de la biología humana y de la medicina que constituye el estudio del cáncer.

Desde 1914 se sabía, gracias a los trabajos de investiadores americanos, que algunas formas de cánceres animales son imputables a virus. En 1975, D. Stehelin, J. M. Bishop y H. E. Varmus descubren una nueva categoría particular de genes: las secuencias oncogénicas celulares, o, de forma abreviada, los oncogenes. Hoy en día se ha podido establecer que gran número de cánceres humanos resultan de la acción de virus llamados oncogenes (del griego *onkos:* cáncer).

Este el es caso del virus de la hepatitis B, frecuentemente asociado al cáncer primitivo de hígado, o del virus de Epstein-Barr, responsable de los cánceres de mandíbula en África y en Asia, o también de los virus de los papilomas, agentes de los cánceres de cuello de útero. En 1983, se descubrió otra categoría de virus que contienen ARN en lugar de ADN, los retro-virus, capaces de provocar leucemias agudas (HTVL 1 y 2), y se sabe que las diferentes clases de virus responsables del SIDA (HIV 1, 2, 3) pueden también encontrarse en el origen de algunos cánceres (sarcomas de Kaposi). Pues bien, se ha podido establecer que existe una unión entre el poder cancerígeno de estos virus y la presencia en su material hereditario de un gen particular: la secuencia oncogénica viral.

Se tuvo la sorpresa de comprobar que todas las células de los eucariotas contienen, *incluso en su estado normal,* elementos génicos muy próximos a estos genes del cáncer, únicamente descritos hasta entonces en los virus. Durante algún tiempo, la existencia de estos oncogenes celulares apareció como una auténtica paradoja, ¡y más aún cuando se acabó encontrándolos también en los eucariotas inferiores como la levadura!

Hoy en día sabemos que ahí estaba, sin duda, y por primera vez, la explicación genética de la aparición de los cánceres. En efecto, estos oncogenes celulares no son otra cosa que los genes responsables de los intermediarios químicos que regulan la comunicación celular. Tienen por tanto un papel importante en la economía de la célula normal. Cuando estos determinantes padecen mutaciones, amplificaciones, o reordenaciones cualesquiera bajo la influencia de factores del entorno, se van a desajustar todos los mecanismos de homeostasis de la célula. Esta ya no obedece a los factores de crecimiento, adopta una división anárquica y adquiere un estado maligno.

Actualmente, se desprende que los virus cancerígenos deben sus propiedades al hecho de que antaño, en el alba de la evolución, robaron secuencias oncogénicas normales a las células que infectaban. Una vez integradas en el genoma de los virus, estas secuencias adquirieron nuevas propiedades que las han hecho refractarias a toda orden celular.

Se ve que este descubrimiento de los oncogenes representaba una adquisición decisiva en patología fundamental; pero no tiene sólo un gran valor heurístico; podría abrir la puerta a nuevas terapias sobre todo ahora que se acaban de descubrir genes cuya actividad parece estar dirigida hacia el bloqueo de los oncogenes celulares, y que podrían remediar sus desórdenes: el que codifica para el beta-TGF *(Tumor Growth Factor),* para el TNF *(Tumor Necrotic Factor),* para el gama-interferón... ¿Habremos también iniciado lo que podría representar el primer paso hacia una terapia racional del cáncer? Ciertamente, no es la primera vez que los investigadores se ven inclinados a plantear este tipo de preguntas. Pero nunca habíamos dispuesto de informaciones tan precisas sobre el sútil combate de los genes y de las moléculas, ¡combate que tendrá como final, según los casos, la armonía o la fatalidad celular!

Es una obra entera la que habría por tanto que escribir para dar el cuadro entero de los nuevos descubrimientos de la biología molecular en su marcha exploradora hacia las grandes funciones de los seres vivos.

¿Cómo no mencionar, por ejemplo, los notables progresos que registran disciplinas como la virología? La elucidación de la estructura completa de los virus del SIDA por Luc Montagnier y Robert Gallo es un éxito que todo el mundo tiene actualmente presente. Lo mismo ocurre en inmunología con el descubrimiento de las linfokinas (mediadores químicos de la inmunidad), la elucidación de la estructura molecular de los anticuerpos, la puesta en evidencia de los genes de histocompatibilidad, esos genes que regulan la aptitud del individuo para reconocer los elementos celulares o virales exógenos como integrantes o no del «ser». Pero es con las realizaciones que pertenecen al campo de las neurociencias con las que querríamos cerrar este breve inventario.

BIOLOGÍA MOLECULAR Y NEUROCIENCIAS

Al permitir, en efecto un análisis de una precisión nunca alcanzada en el estudio de los elementos clave de la comunicación neuronal, la genética ha aportado una nueva dimensión a las ciencias que se ocupan del sistema nervioso. Hemos visto como, desde 1970, los biólogos moleculares habían decidido lanzarse a la conquista de la neurona. Esta ambición no dejó de levantar alguna legítima desconfianza en los neurobiólogos. ¿Cómo esperar que, al estudiar los genes en actividad en las neuronas, se pueda captar la temible complejidad de las redes neuronales, su puesta en lugar y su funcionamiento?

Por otra parte, no hay que exagerar el alcance de los primeros resultados procedentes de la biología molecular, sólo tienen sentido situados en un contexto que únicamente las disciplinas clásicas de las neurociencias son susceptibles de precisar.

Los trabajos sobre los mediadores químicos que intervienen en la transmisión sináptica, en esta zona de contacto en la cual se establecen las relaciones de neurona a neurona, de sus prolongaciones y de sus terminaciones, de sus vainas, etc., han permitido comprender desde el inicio de los años setenta lo esencial del funcionamiento de las sinapsis. La entrada en escena de los biólogos moleculares permitió precisar la naturaleza de las interacciones entre estos neurotransmisores y sus receptores en la salida de la sinapsis. Tuvo sobre todo como consecuencia un conocimiento más exacto de las proteínas de la célula neuronal a partir del momento en que fue posible clonar los genes. Se poseen hoy en día informaciones de una notable precisión sobre la organización de los receptores en la superficie de las neuronas y notablemente del más importante: el receptor colinérgico (cf. los trabajos de Jean-Pierre Changeux).

Ciertamente, no es éste el lugar para detallar cómo el descubrimiento de los neuropéptidos —y, particularmente, el de las endorfinas o péptidos del dolor en los años ochenta— ha abierto una nueva era en el estudio de la química cerebral y de la comunicación interneuronal.

Es sin embargo interesante recordar que la historia de los neuropéptidos tiene sus orígenes en la del opio, sustancia conocida desde hace al menos seis mil años... ¡Los sumerios ya la utilizaban cuatro mil años antes de nuestra era! Los griegos conocían sus propiedades analgésicas y euforizantes. Fueron sobre todo los mercaderes árabes los que generalizaron su producción al introducirlo en China bajo la dinastía Tang. Sin embargo, hace poco tiempo que los efectos de esta sustancia y de sus derivados sobre la fisiología y el comportamiento están siendo objeto de intensas investigaciones en la comunidad de los farmacólogos, biólogos y sicólogos, y esto, en gan parte, después del descubrimiento en animales pertenecientes a filum muy distintos de un tipo particular de péptidos, generalmente llamados opioides endógenos, porque su acción sobre el sistema nervioso mimetiza la del opio propiamente dicho.

Hoy en día, con la ayuda de la ingeniería genética, la lista de estos neuropéptidos ha aumentado considerablemente y se conocen unas treinta moléculas de este tipo que enriquecen el abanico de las interacciones neuronales. Su liberación a partir de la célula neuronal y su recepción en las neuronas diana explican ya numerosos comportamientos. Los trabajos de los equipos de E. Kandel y R. Axel sobre las neuronas de la aplisia proporcionan una brillante ilustración.

Si la biología molecular del gen aplicada a las neuronas no está en general más que en una fase de primer inventario, se siente claramente que el sistema nervioso se va a volver gradualmente accesible a una analítica cada vez más fina. Ésta permitirá, tras el estudio de la neurona en general, abordar poco a poco el funcionamiento de los conjuntos integrados. Está por tanto naciendo una auténtica neurobiología, apuntalada también como veremos, por el estudio del determinismo genético de las neuropatías.

II

LA REVOLUCIÓN BIOTECNOLÓGICA

El gigantesco paso adelante de la biología que acabamos de describir someramente puede desde muchos puntos de vista compararse al que conocieron la física y la electrónica a lo largo de los últimos decenios. Se produce, lo hemos visto, a través del reforzamiento de las uniones entre las ciencias de lo vivo y otras ciencias como las matemáticas, la física o la química. ¿Se va a producir a continuación la creación de nuevos dominios fronterizos, lugares para un crecimiento aún más rápido de nuestros conocimientos? Es lo que sugiere con insistencia Ilya Prigogine. Según él, una cierta convergencia entre todas las ciencias que se interesan por las redes complejas —inteligencia artificial, teoría de la información, sistemas disipativos, situaciones caóticas...— y la propia biología podría abrir perspectivas insospechadas hacia la comprensión de los fenómenos aparentemente más irreductibles de lo vivo: organización y funcionamiento de la corteza, representación cerebral de las formas, neurocomportamientos, y también análisis de los ecosistemas y de los comportamientos poblacionales.

Estas visiones testifican una enorme aspiración hacia la unificación de la ciencia; han suscitado apasionantes debates intelectuales y trabajos originales y estimulantes; pero quizás haya que buscar en otro lugar el indicador más significativo de la entrada de lo biológico en la vanguardia de la escena mundial. Lo encontraremos más bien del lado de las consecuencias culturales y económicas de los considerables conocimientos ya adquiridos por la biología molecular.

¿Alcanzaremos pronto un grado de precisión en la descripción de la maquinaria celular e individual que pueda proporcionar al hombre un dominio real de su destino en particular y del mundo biológico en general? Es evidente que, ya ahora, con las técnicas del ADN recombinante, la ingeniería celular y la transgénesis, la biología actual ha adquirido una considerable capacidad de intervención en todas las formas de vida, tanto la del hombre como la de un microorganismo, incluso si aún no se puede hablar con propiedad de un dominio de la especiación, es decir, de la creación de nuevas especies.

¿No puede la biología particular en el enunciado y en la solución de las preguntas planteadas por el movimiento ecologista, aún cuando este mismo movimiento encontró inicialmente su inspiración en una reacción contra el reduccionismo científico, indisociable a sus ojos del consumismo del mundo moderno? Se quiera o no, el respeto al medio ambiente encuentra desde hoy sus referencias más frecuentes en la imitación de la naturaleza biológica.

Los nuevos bienes y servicios de los que disponemos gracias a los más recientes desarrollos de la biología molecular, tanto en el campo de la salud pública como en los de la agricultura o de la producción de energía, suscitan esperanzas y temores. Entre los interrogantes más vivos de nuestra época, algunos atañen a la estimación que se puede hacer de su beneficio social y humano. ¿Cómo no esperar que estos bienes y servicios puedan contribuir a la resolución de algunas de las cuestiones geoeconómicas y geopolíticas más graves? Desde que, gracias a la ingeniería genética, se dispone de nuevos procedimientos para modificar las propiedades de los microorganismos, de las plantas, e incluso de los animales, desde que podemos reproducir a gran escala elementos vegetales con características definidas, estamos tentados a ver en ello una solución a las dificultades económicas de los países en vías de desarrollo. Incluso si se puede, con derecho, poner en duda la rapidez, a veces anunciada, con la que los progresos registrados en la biología vegetal o en la ganadería se verán transpuestos concretamente a escala de estos países, e incluso si seguimos siendo conscientes de que estas aplicaciones no dejan de tener efectos perniciosos sobre el mercado de los productos naturales y sobre la mano de obra local, esta esperanza no parece ilusoria, y las organizaciones internacionales han iniciado una reflexión que puede llegar a ser portadora de un futuro mejor.

Lo vemos, las ciencias de lo vivo, desde ahora implicadas en todo lo que concierne al futuro del hombre, son solicitadas e interpeladas desde todas partes; sus incidencias culturales, sociales y políticas resultan ser muy profundas. Pienso que podemos hablar del inicio de una auténtica civilización del gen. Vamos a mostrar, a través de algunas situaciones características, la agudeza y la urgencia de las cuestiones sociales que acabamos de mencionar.

La primera referencia que acude a la mente de todos cuando se mencionan estas cuestiones es la de las biotecnologías.

En 1978, tuve el privilegio, con François Jacob y

Pierre Royer, de recibir el encargo de escribir un informe para el presidente de la República sobre las ciencias de la vida. Se trataba de «estudiar las consecuencias que los descubrimientos de la biología moderna son susceptibles de desencadenar en la organización y el funcionamiento de la sociedad, de censar las aplicaciones de las biotecnologías más útiles para el progreso y la felicidad humanas, y proponer los medios necesarios para la puesta en marcha de estas aplicaciones» (Carta de misión dirigida por el presidente de la República con vistas al informe *Ciencias de la vida y Sociedad*).

Valery Giscard d'Estaing, que volvía de un viaje al Brasil, había quedado impresionado por los progresos realizados en el campo de la producción de biocarburantes. Sin duda hay que ver en esta visita el elemento decisivo que le llevó a interesarse por las biotecnologías y las ciencias de la vida. El informe que le entregamos ha envejecido algo en su parte descriptiva; la que se refiere a las aplicaciones. Así, al releer el capítulo consagrado a las posiblidades de la ingeniería genética, impresionan los fantásticos progresos realizados desde hace diez años. Se saludaba entonces como una gran innovación las empresas llamadas de *joint-venture capital.* Se podían también leer frases como ésta: «Las tecnologías de la ingeniería genética están aún poco desarrolladas en países que, sin embargo, se han ocupado tradicionalmente de las biotecnologías como el Japón, Israel, Canadá». O aún, a propósito de las aplicaciones de la recombinación *in vitro:* «Están en curso numerosos proyectos, algunos muy avanzados. Sin embargo, hay que admitir que, por ahora, el dinamismo se halla prácticamente ausente del campo de las aplicaciones».

Ciertamente, ha sido necesario más tiempo del esperado para conseguir los primeros objetivos industriales, pero las biotecnologías han realizado un largo camino desde que hacíamos estas observaciones. Además, es gratificante para sus autores comprobar que, incluso ahora, *Ciencias de la vida y Sociedad* contiene un análisis del desarrollo de los conceptos en biología y de sus previsibles impactos que, en lo esencial, no ha perdido en nada su actualidad.

Así, la curiosidad, despertada en Giscard d'Estaing por un viaje, fue compartida, algún tiempo después, por su adversario político François Mitterand, quien además iba a seguir mostrando un interés duradero por los resultados de la biología y de la medicina.

Por último, si aceptamos la definición dada por el informe Spinks, publicado en 1980 en Gran Bretaña, diremos que las biotecnologías «corresponden a la explotación de los organismos, sistemas o *process* biológicos por las industrias manufactureras o de servicios». Hay entonces que reconocer que estas biotecnologías tiene tras de sí una historia muy larga.

LAS PRIMERAS GENERACIONES DE BIOTECNOLOGÍAS

A decir verdad, lo que podríamos llamar la primera generación de las biotecnologías tiene más que ver con un conjunto de recetas y de procedimientos empíricos transmitidos por las tradiciones. De hecho, hay que remontarse al período que sigue a la edad de piedra para encontrar sus primeras trazas. Hay razones para pensar, en base al estudio de los vestigios prehistóricos, que las primeras prácticas humanas relacionadas con la conservación, la preparación o la mejora de los alimentos (por ejemplo, el uso empírico de la fermentación para obtener bebidas o productos lácteos) representan también las primeras manifestaciones concretas del interés humano hacia la biología: a lo que hay que añadir el conocimiento de las plantas nutritivas o medicinales, y la ganadería. Muy pronto por tanto, a partir del neolítico, el hombre hizo uso sin saberlo* de las bacterias, levaduras, enzimas y mohos en la preparación de su comida, de sus bebidas, e incluso en la producción de algunos textiles.

Al escribir estas líneas, cómo no pensar en lo que decía mi colega, el gran etnólogo André Leroi-Gourhan, a propósito del lugar que ocupa la técnica en la cultura e incluso en la civilización: «No se puede tener una imagen completa del hombre si no se ha comprendido al hombre técnico... Vivimos en una sociedad que es obra de las técnicas y de sus técnicos. Sin embargo, estos ocupan en la escala social y en la jerarquía de las actividades humanas un nivel modesto. El *Homo faber* sufre todavía un poco del *Homo sapiens*» (Leroi-Gourhan, *Las raíces del mundo*). Los estudios realizados por el añorado Fernand Braudel *(Las estructuras de lo cotidiano)* y que tratan, por ejemplo, de la utilización del pan en las pobla-

* A propósito de estas habilidades más o menos «instintivas», Jacques Robin, en su reciente obra *Cambiar de era,* escribe: «Consideramos estas habilidades, de una sorprendente ingeniosidad, como las premisas de las futuras técnicas que se elaborarán, cerca de un millón de años más tarde, en forma de herramientas para la transformación de la materia inerte».

ciones de la Edad Media, o los penetrantes análisis de un Levi-Strauss sobre lo cocinado y lo crudo ilustran hasta que punto las técnicas, incluso las más modestas, pueden ser testigos de nuestras civilizaciones tan fieles como los vestigios del arte o los textos literarios o filosóficos.

Pero habrá que esperar al final del siglo XIX para que la práctica empírica de las bioconversiones mediante fermentaciones empiece a ser estandarizada y que se consiga entonces obtener productos sensiblemente uniformes de manera reproducible. Los estudios de Pasteur sobre la cerveza y el vino representan probablemente las primeras tentativas racionales para aplicar los conocimientos biológicos del momento a procesos industriales o semi-industriales. Se fabrica entonces levadura de cerveza y se produce ácido láctico para las industrias de fermentación, así como alcohol etílico para la industria química. En cuanto a la industria textil, se beneficia ya de algunos conocimientos en el campo de las enzimas, particularmente el de la amilasa. Esta biotecnología de primera generación proviene de las investigaciones de Eduard F. W. Pflüger sobre lo que él llama proteínas vivas y que descubre en la levadura de cerveza. Pero, como ya hemos señalado, es Buchner el primero que consiguió obtener un extracto de células utilizables para la fermentación de los azúcares, dando así la señal de salida a la bioquímica enzimática. La obra de Emile Fischer contribuirá finalmente a asentar nuestros conocimientos y nuestras posibilidades en la utilización de las enzimas.

La Primera Guerra Mundial proporcionará la ocasión para un desarrollo sin precedentes a las industrias de fermentación. La fabricación de municiones exige, en efecto, cantidades considerables de acetona. Los biólogos de los países aliados movilizan a sus expertos y tratan por tanto de mejorar los rendimientos de la fermentación acetobutírica. Un alumno de Pasteur, Fernbach, aisla cepas de la clostridia, dotada en este aspecto de excelentes capacidades. En Gran Bretaña, un joven químico judío, Chaïm Weizmann, se interesa también por este problema y consigue poner a punto un proceso de fabricación biológica de acetona a muy gran escala*.

En el período de entre guerras, la acetona iba a mantenerse durante algún tiempo como un producto clave de las biotecnologías, principalmente en la fabricación del rayón, una fibra textil artificial que tiene la apariencia de la seda. La industria de las fermentaciones iba a conocer un auge importante con la producción de sustancias como la riboflavina (o vitamina B2), el glicerol, la sorbosa (materia prima en la síntesis química de la vitamina C), el ácido cítrico, etc. Sin embargo, en torno a los años treinta, surgen nuevos procedimientos químicos que permiten obtener la mayoría de estos compuestos a partir de los hidrocarburos, y con un coste mucho menor. La petroquímica va por tanto a convertirse en dominante. Cuando empieza la Segunda Guerra Mundial la indus-

* Las consecuencias de sus trabajos tendrán una importancia totalmente inesperada: en reconocimiento a los servicios prestados a la causa aliada, y también a cambio de la patente poseída por Weizmann, el gobierno británico aceptará finalmente dar su apoyo al proyecto sionista (Declaración Balfour, 1917). Nombrado después de la guerra presidente de la Organización Sionista Mundial (1920), y posteriormente de la Agencia Judía (1929), Weizmann se convertirá en el primer presidente del Estado hebreo y fundará la universidad de Rhéhovot. Cuarenta años más tarde, el Estado de Israel llamará a su frente a otro biotecnólogo de gran renombre, también un reputado químico, el profesor Ephraïm Katzir...

tria de las fermentaciones se ve así relegada a un papel secundario.

Se puede sin duda considerar el descubrimiento de los antibióticos, y principalmente la producción industrial de la penicilina, gracias a los trabajos de Alexander Fleming, Ernest B. Chain y Howard W. Florey, los tres premios Nobel de química en 1945, como el origen de la segunda generación de biotecnologías. La considerable resonancia del propio descubrimiento da en efecto un empuje nuevo e inesperado a los detentores de la industria de las fermentaciones. Además de la producción de los toros antibióticos principales, la bio-industria, aprovechando desde entonces una mejor domesticación de las cepas microbianas, va a abordar la fabricación a gran escala de un amplio espectro de moléculas activas con un elevado valor añadido: enzimas, esteroides, vitaminas. Pero sólo con la entrada de la industria nipona se verá aparecer también la fabricación de aminoácidos.

Esta segunda generación de las biotecnologías, que se extiende entre el final de los años cuarenta y el inicio de los años setenta, será contemporánea de un perfeccionamiento decisivo de las tecnologías de fermentación: el descubrimiento de procesos que permiten el empleo de las enzimas en fase sólida. Hasta entonces, no se podían realmente considerar las enzimas como auténticos bioreactores industriales. Debido a su inestabilidad en medio líquido, o a su congestión estérica por los productos de la reacción, sólo resultaban utilizables en operaciones discontinuas. El desarrollo de enzimas «inmovilizadas» iba a aportar un nuevo auge a las técnicas de fermentación en continuo. Entre las realizacones más notables de estos procedimientos podemos mencionar: la producción a gran escala del ácido glutámico por la firma Tanabe Seyaku en 1969, y, sobre todo, de la penicilina, gracias al uso de las penicilina acilasa (procedimiento Toyo Zojo, 1976). Más cercano a nosotros, el enorme mercado de los jarabes de fructosa en los Estados Unidos. Su producción está basada en el acoplamiento de dos enzimas inmoviliadas: la glucosa amilasa, que hidroliza el almidón de maíz en glucosa y fructosa, y la glucosa isomerasa, que transforma la glucosa en fructosa, que tiene un sabor más azucarado que la glucosa.

LA INGENIERÍA GENÉTICA

Las primeras publicaciones referentes a las técnicas de ingeniería genética datan de 1972. Los investigadores americanos, principalmente S. Cohen, P. Berg, Helling y Boyer, aprovecharon los resultados obtenidos por el biólogo suizo W. Arber, que había descubierto, varios años antes, enzimas capaces de recortar el material genético en lugares muy preciosos, ¡con una precisión de un nucleótido!

Con estas enzimas, llamadas de restricción, y algunas otras que aseguran la soldadura de los fragmentos de ADN, así como algunos microcromosomas descritos desde hacía tiempo en los mini-organismos (los plásmidos), se dispondrá de una nueva metodología que permitirá «clonar», es decir, purificar los genes o sus copias provocando su reproducción en un enorme número de ejemplares en el seno de las bacterias huésped. Muy pronto se desprende que esta técnica del ADN recombinante, al tiempo que va a permitir importantes avances teóricos, está llamada a tener consecuencias prácticas considerables.

Por un lado, desde entonces es posible disponer de «sondas» genéticas puras. Estas sondas son genes amplificados, fragmentos, o aun copias de genes (c-ADN). Su empleo permite comprobar, mediante un procedimiento de moldeado molecular llamado hibridación, el estado de integridad o el grado de funcionalidad del gen correspondiente en el interior de una célula. La mayoría de las veces la sonda utilizada está marcada con un trazador radioactivo o con un agente fluorescente, a fin de localizar el híbrido formado. Este procedimiento va a constituir la base de una multitud de operaciones tendentes a diagnosticar enfermedades hereditarias o agentes infecciosos.

Por otro lado, gracias a la ingeniería genética, podremos provocar el funcionamiento de un gen extranjero en el interior de una bacteria o de una célula eucariótica. Si el vehículo (o vector) que permite propagar el gen es elegido de forma adecuada, podremos observar la síntesis de una nueva proteína en la célula receptora que sirve desde entonces de fábrica en miniatura.

Además, la industria química, farmacéutica o agro-alimentaria empezará a sacar un partido considerable de estos nuevos medios de reprogramación genética para obtener un gran número de sustancias biológicas a las que es difícil acceder mediante la química convencional o cuya extracción a partir de los tejidos resulta delicada.

Una tercera aplicación de la ingeniería genética reside en las técnicas de transgénesis, que consisten en transferir un gen en una célula vegetal en regeneración o en un óvulo animal previamente fecundado. En este último caso, la operación es seguida por la implantación en el útero de una hembra portadora. Gracias a la implantación del gen extranjero en los cromosomas de la descendencia, resulta posible modificar algunas características de un individuo en el sentido deseado por el horticultor, el agricultor o el zootécnico. Se puede por tanto decir que es el auge de las técnicas de ADN recombinante al que hay que adjudicar la generación más reciente de las biotecnologías, por ahora la tercera. Sin embargo, hay que asociarle otra metodología celular cuyo desarrollo fue contemporáneo y que permite obtener, también por clonaje, la producción de anticuerpos ultrapuros, bautizados por los especialistas como «anticuerpos monoclonales». Debemos este notable resultado a los trabajos de un inmunólogo de origen austriaco, Cesar Milstein, con el que cooperó un joven biólogo alemán, Georges Kohler. Su descubrimiento, que les iba a valer el premio Nobel, ha permitido, como el de la ingeniería genética, forjar instrumentos de una extraordinaria precisión para explorar los principales componentes celulares. Desembocó, también él, en la producción de sondas biológicas de un nuevo tipo, sondas inmunológicas esta vez, que resultan tener una utilidad notable para cualquier tipo de diagnóstico.

ASPECTOS SOCIO-ECONÓMICOS

¿En qué clima socio-económico se ha desarrollado la tercera generación de las biotecnologías? ¿Cuáles han sido las primeras consecuencias concretas? ¿En dónde estamos hoy en día? El análisis de estas preguntas nos hará descubrir una nueva concepción de la biología, una concepción que podemos llamar mercantil. El mundo de los negocios se interesa mucho por el desarrollo de estas investigaciones; y los biólogos deben evidentemente tener en cuenta este interés.

Las reacciones de los industriales, inversores o banqueros ante los primeros éxitos, sin embargo esencialmente teóricos, de la ingeniería genética, debían traducirse en un interés inaudito. Por ejemplo, entre 1976 y 1987, se ha multiplicado, en particular en los Estados Unidos, el número de empresas específicamente orientadas hacia las aplicaciones de estas nuevas investigaciones. Se cuentan hoy en día cerca de doscientas, si bien de tamaño bastante variable. En un espacio de tiempo extremadamente corto hemos asistido a la irrupción de un cierto número de estas sociedades en el mercado bursátil, con una escalada de sus acciones. Lo que tuvo como inmediata consecuencia una sobrevaloración de las capacidades económicas reales de la mayoría de las firmas creadas entre 1977 y 1981 –año que vio, por sí solo, el surgimiento de cuarenta y tres empresas...

En torno a 1983 las mentes empezaron por tanto a desencantarse un tanto. Probablemente se había apostado de forma exagerada por la velocidad de las realizaciones, con el público esperando en realidad la salida de nuevos productos farmacéuticos milagrosos. Es la época en la cual se cantaban las virtudes del interferón, esta proteína de origen celular que inhibe la multiplicación intracelular de un gran número de virus, y de la cual se entreveía el empleo para el tratamiento del cáncer.

No sólo las empresas nacidas de esta primera llamarada de entusiasmo no registran ningún beneficio, sino que buen número de ellas van a quebrar, o serán asimiladas por compañías más importantes con actividades tradicionales (química, equipamientos, agroalimentarios). Se puede, por tanto, temer en ese momento que el mundo de la empresa haya sido cautivado por el canto de las sirenas y que los incondicionales de las biotecnologías no han hecho otra cosa que mantener un mito. Por esta razón, los años 1984-1985 marcan una inflexión clara en las inversiones financieras.

Y sin embargo, hoy en día se ve que, si bien el entusiasmo de entonces era excesivo, el movimiento así iniciado —especie de *Sturm und Drang* de las tecnologías avanzadas— resultó extremadamente positivo a medio plazo. Cuando menos, habrá preparado el relanzamiento económico y otorgado a los Estados Unidos una ventaja inconstestable frente a sus competidores.

Jean-Jacques Salomon, en su obra, *Le Gaulois, le Cow-Boy et le Samouraï (El Galo, el Vaquero y el Samurai)* (CPE, 1985) expresa muy bien las conclusiones que se pueden extraer de la experiencia de las primeras sociedades de *joint venture:* «Incluso si es cierto que la especulación ya ha conocido altos y bajos, con la quiebra de algunas de estas firmas o su compra por las grandes, es gracias a su espíritu de empresa por lo que los esfuerzos de investigación y de comercialización son los más dinámicos en los Estados Unidos. De hecho, parece efectivamente que haya un tipo de reparto del trabajo, especializándose las pequeñas firmas privadas en las fases de investigación orientadas hacia el desarrollo de los productos y procedimientos, encargándose las grandes de la producción, del marketing y de las negociaciones en materia legal».

Pero la aventura americana tiene aún otro tipo de interés: ha suscitado la creación de un nuevo tipo de estructura, intermedia entre la universidad y el mundo industrial: las *start-up companies.* Con mucha frecuencia, entre 1977 y 1984, hemos asistido a iniciativas hasta entonces rarísimas en los grandes investigadores, la mayoría de ellos fundamentalistas muy conocidos en sus disciplinas, que han decidido crear su propia empresa o convertirse en los principales animadores de otras. Fue el caso de Walter Gilbert o de David Baltimore en los Estados Unidos, ambos premio Nobel, o también de Charles Weismann, eminente biólogo molecular que trabaja en el Polytechnicum de Zurich.

Tras ellos, asistimos a un entusiasmo tal del mundo de la investigación por el desarrollo de nuevas empresas y por las actividades de transferencia que este movimiento llegó a preocupar un tanto a las estructuras federales de los Estados Unidos (National Institute of Health, National Science Foundation y National Academy of Science). ¿Al tomar este giro, no se arriesgaba la investigación a poner en peligro la libre comunicación científica, prefiriendo algunos biólogos abstenerse de publicar sus trabajos a fin de conservar su anterioridad con fines comerciales?

Debemos sin embargo subrayar que, de forma general, la dinámica de la investigación fundamental no tuvo aparentemente que sufrir este estado de cosas. Los investigadores americanos, a diferencia de sus colegas europeos, se benefician en efecto de un procedimiento particular que quiere que sus trabajos no llegue al dominio público hasta que no haya transcurrido un año desde la fecha de su aparición en una revista científica. Es lo que bellamente se llama plazo de gracia.

El desencanto de mediados de los años ochenta habrá sido corto. Efectivamente, asistimos a un rápido reequilibrio en los procedimientos de inversión en investigación y desarrollo. Grandes multinacionales, que hasta entonces se habían mantenido apartadas de este sector, temerosas de ver algunos de sus productos volverse obsoletos o de dejar escapar algunos mercados, se «comprometen» entonces más o menos masivamente. Japón y Europa, después de una fase de atentismo relativo, se lanzan pronto a la carrera. Así es que, en el momento actual, la mayoría de los expertos se ponen de acuerdo para pensar que ha comenzado una nueva época: la era de la consolidación.

Toda una serie de factores permiten avanzar este diagnóstico. Los más significativos, sin duda, se relacionan con la llegada al mercado de los primeros grandes productos surgidos de las nuevas tecnologías, así como con la emergencia cercana de toda una gama de sustancias ya probadas en el estado clínico o por sus ventajas agrícolas. Estas sustancias son susceptibles de ver cómo en breve se les otorga una autorización de explotación.

Entre las razones existentes para esperar, hay que evocar también lo que se podría llamar el despertar a las aplicaciones biotecnológicas de algunos países en vías de desarrollo. Asistimos, por ejemplo, al arranque de numerosas actividades bioindustriales, a menudo sancionadas por acuerdos de empresas, locales o bilaterales, y que responden a programas nacionales bien definidos. Finalmente, hay que completar esta «exposición de los motivos» haciendo referencia a los progresos extremadamente rápidos o al refinamiento de técnicas utilizadas en la investigación biológica, las cuales auguran, sin duda, el advenimiento de una biotecnología de cuarta generación, con la ingeniería de las proteínas.

¿Cuáles son estos nuevos productos? Si, desde 1982, la firma americana Eli Lilly obtiene sin grandes dificultades la autorización para explotar la insulina producida por ingeniería genética por parte de la célebre Food and Drug Administration (FDA), fue, sin duda, porque las necesidades de insulina para el tratamiento de los grandes diabéticos estaban creciendo a nivel mundial, pero también porque ya se conocían bien las propiedades terapéuticas de la hormona. Los otros productos no han podido ser comercializados tan rápidamente. El despertar del movimiento ecológico sin duda ha tenido su papel en ello. En todo estado de causa, habremos tenido que esperar al año 1986 para ver constituirse una primera paleta significativa de sustancias obtenidas gracias a la nueva tecnología.

Entre los principales productos destinados al sector farmacéutico y que son objeto de una explotación comercial, algunos, como la insulina, las nuevas vacunas contra la hepatitis B, las hormonas de crecimiento humano, vienen a remplazar productos ya existentes y hasta entonces obtenidos por medio de procedimientos más convencionales; otros en cambio, como el activador tisular específico del plasminógeno (TPA), un potente antitrombótico, el alfa-interferón o el anticuerpo monoclonal destinado a frenar las reacciones de rechazo en el transcurso de los injertos (Orthoclone) no habían sido aún fabricados industrialmente. Considerando las cifras de ventas correspondientes a todos esos productos, podemos estimar que estamos aún lejos de los enormes mercados financieros que los expertos habían predecido en los inicios de la biotecnología. Estas cifras no son sin embargo despreciables, puesto que sobrepasan ya un total de quinientos millones de dólares, mientras que la facturación global de los productos biofarmacéuticos derivados de la ingeniería genética no alcanzaba en 1985 más que sesenta y cinco millones de dólares. También hay que tener en cuenta el hecho de que algunos de estos nuevos bioproductos no llevan más de un año de explotación a escala industrial.

Hay que tener además en cuenta otra lista: la de las sustancias de aplicación farmacoclínica que ya han satisfecho los principales criterios de ensayos terapéuticos y que no tardarán en ser comercializadas, después de los acuerdos reglamentarios necesarios, en un plazo probable de uno a tres años. Se trata aquí en general de una familia de moléculas pertenecientes a la clase de los inmunomodulares. Estas moléculas, que actúan a nivel de los linfocitos y generalmente llamadas interleukinas, se comportan como agentes susceptibles de activar las defensas inmunitarias. En esta lista figuran también factores de crecimiento como el compuesto EGF (factor de crecimiento de tejido epitelial) que debería renovar la terapia de los grandes quemados.

Se comprueba por tanto que, contrariamente a una idea preconcebida, las biotecnologías no engendran sólo productos de sustitución, sino que están en vías de forjar instrumentos moleculares hasta ahora inacessibles a la medicina. ¡Si examinamos el conjunto de nuevos productos surgidos de las biotecnologías en trance de ser comercializados, tanto en los Estados Unidos como en Europa y en Japón, antes de cinco años dispondremos de no menos de doscientas especialidades (correspondientes a cincuenta entidades moleculares diferentes)!

Ciertamente, si existe un campo en el cual las previsiones de cualquier tipo no faltan, es éste. La historia del último decenio nos incita a la más extrema prudencia en cuanto a los aspectos cuantitativos de las estimaciones. Pero los márgenes de error se reducen, ahora que se conocen los primeros órdenes de amplitud de los mercados para los productos clave, así como la lista de derivados a punto de iniciar su explotación.

Una estimación reciente de una agencia americana, el Boston Biomedical Consultant (1986) indica que el mercado mundial de los productos procedentes de las nuevas biotecnologías se acercará, sólo en el sector de la salud pública, a 4.200 millones de dólares de aquí a 1990; los productos de uso farmacéutico deberían representar la mayor parte (2.900 millones), cubriéndose el resto con la venta de anticuerpos monoclonales. Otras agencias de estudio, como el CRC (Consulting Resources Corporation) son un poco menos optimistas y delantan una cifra total de 1.700 millones de dólares para el mismo plazo.

Las industrias farmacéuticas entran, según toda evidencia, en una nueva fase, y las biotecnologías les van a llevar a realizar beneficios bastante sustanciales. En cuanto a las previsiones a largo plazo se estima, siempre para el sector farmacéutico (agentes terapéuticos, agentes de diagnóstico y vacunas), que el mercado mundial debería sobrepasar 15.000 millones de dólares en 1995, y acercarse a los 50.000 millones al final de este milenio.

Pero, ya que las biotecnologías son multisectoriales, sus aplicaciones deberían revestir cada vez mayor importancia en campos distintos al de la salud. Puesto que actualmente el mercado de las bioindustrias procedentes de las nuevas tecnologías de orientación agrícola o agro-alimentaria sigue siendo débil (las autorizaciones de explotación no han sido aún adjudicadas), sólo podemos referirnos a las estimaciones de los expertos. Según el SRI (Stanford Research Institute, 1987), en el año 2000 los productos agro-alimentarios surgidos de las biotecnologías podrían representar una cifra de ventas de 9.000 millones de dólares, es decir, el 30% del mercado mundial. En cambio, la agricultura biotecnológica, con un mercado de 5.000 millones de dólares, sólo cubriría el 3,3% del sector. Los campos de equipamiento y de instrumentación alcanzarían la cifra de 4.800 millones; los correspondientes a la despolución y a la química, 2.000 y 300 millones, respectivamente.

LA BIOTECNOLOGÍA VERDE

Mientras que el campo biofarmacéutico se encuentra ya en plena mutación técnica, se preparan cambios profundos en la biología vegetal, cambios que algunos consideran de mayor importancia e impacto que los que se refieren al estudio de los micro-organismos o de la célula animal. ¿Será quizás la auténtica revolución técnica del próximo milenio?

El mundo vegetal desempeñó durante largo tiempo el papel de pariente pobre en la moderna odisea de la biología. La bacteria era, lo hemos visto, «el ser de la razón», la fábrica biológica, con la cual los investigadores podían, y aún pueden, intentarlo todo o casi todo. Pero no encarna realmente «la naturaleza naturante». Al reproducirse idénticamente de forma casi infinita, cuando las condiciones nutritivas se prestran a ello, se imponía como el modelo ideal para los adeptos de la biometría y de la biología molecular. La célula animal, desde el momento en que pudo satisfacer las exigencias del cultivo *in vitro,* consiguió en algunos casos suplantar al microbio puesto que era necesario auscular los engranajes del mundo de los eucariotas. La célula vegetal se seguía manteniendo aparte, y esto debido a varias razones relativas a las propiedades de las plantas: su propia exuberancia, su polimorfismo, la complejidad de su genoma, y las dificultades que implicaba, al principio al menos, el estudio de las poblaciones celulares; a lo que había que añadir la existencia de una pared celulósica que las hace impenetrables a la mayoría de los reactivos químicos. Pero, sin duda, hay que evocar también la actitud inicial de los botánicos frente a los progresos de la biología molecular...

¿Hay que imputar esta actitud a la singularidad de su objeto de estudio, o, más prosaicamente, al hecho de que durante tiempo han estado en la cima de las universidades, y que no tenían intención de ceder este lugar? ¿Debemos pensar en una razón más oscura: el deseo implícito de proteger este símbolo primero de la naturaleza viva, el mundo vegetal, tan preciado por los comparatistas? En cualquier caso, mostraron poco entusiasmo a la hora de aceptar las ideas y sobre todo los métodos de la genética molecular. Por suerte, esta época me parece felizmente acabada.

Sin querer retrazar la historia del progreso de los conocimientos en fisiología vegetal, recordemos que desde mediados de los años cincuenta el botánico francés Roger Gautheret conseguía desarrollar los primeros cultivos celulares con la zanahoria. Jean-Paul Nitsche mostraba algunos años después el notable poder de regeneración del mundo vegetal: ¡en las condiciones apropiadas, un tejido somático embrionario, un meristemo, o incluso células gaméticas, pueden volver a formar una planta entera! Se descubría paralelamente la posibilidad de convertir una célula vegetal en un elemento desprovisto de paredes y llamado protoplasto: artefacto notable que no sólo puede regenerar su pared, sino que también resulta capaz de fusionarse con el protoplasto procedente de una célula de diferente especie. Tal fusión somática permite por tanto saltar las barreras del cruzamiento entre especies.

Desde los inicios de la ingeniería genética, numerosos investigadores pensaron en transponer sus métodos a la manipulación de células vegetales, pero se enfrentaban con una grave dificultad: no se disponía por entonces de vectores apropiados capaces de introducir un gen extranjero en una célula de una planta. Este obstáculo fue superado en los años ocehta, cuando la escuela belga de J. Schell y de M. Van Montagu mostró que los plásmidos, esos cromosomas circulares presentes en la bacteria responsable de la «enfermedad de la agalla del cuello» en el tabaco *(crown gall)* eran notables vectores de genes, una vez desembarazados mediante cirugía enzimática de los segmentos de ADN tumorígenos. Así se ofrecía la posibilidad de transferir genes nuevos en las monocotiledóneas.

El caso de las dicotiledóneas resultó más difícil, ya que

los plásmidos de la bacteria de la agalla de cuello, *Agrobacterium tumefaciens,* no pueden integrarse en su material genético. Fue por tanto necesario recurrir en este caso a acercamientos indirectos: revestimiento de los genes en los liposomas, vesículas artificiales que tienen la propiedad de penetrar en el interior de las células, penetración forzada mediante choque eléctrico (electroporación), etc.

Hoy en día se puede practicar la transgénesis en las plantas utilizando como célula receptora una simple suspensión de células somáticas tomadas de la plántula en estado embrionario. Puesto que las células tienen la capacidad de regenerar una planta entera, esta transgénesis artificial permite incrementar la variabilidad natural del mundo vegetal. Finalmente, el clonaje en células vegetales (o en otras) de diversos genes de plantas empieza a proporcionar importantes datos sobre la organización fina de sus cromosomas, incluidas sus regiones reguladoras.

A medida que la biología celular y molecular de los vegetales progresa a nivel fundamental, vemos dibujarse las primeras grandes aplicaciones a nivel biotecnológico. Uno de los primeros objetivos concierne, por ejemplo, a la reproducción a gran escala de plantas que poseen propiedades previamente seleccionadas. Esta meta es, a menudo, difícil de alcanzar con los métodos usuales de la enjambrazón del grano, debido a las numerosas variaciones que la planta puede sufrir a lo largo del desarrollo. Por ello, desde hace más o menos una década, se recurre a menudo a la técnica de propagación clonal. Esta micropropagación permite obtener individuos rigurosamente idénticos. En sus inicios, la técnica se utilizó principalmente para obtener poblaciones homogéneas desprovistas de virus, ya que los individuos que se perpetúan por esta vía son generalmente resistentes. Después, su aplicación se extendió al cultivo de plantas sin grano.

Particularmente apropiada para la horticultura, la propagación clonal se utiliza también para las plantas comestibles, como la patata, o para la floresta. Se han obtenido resultados espectaculares en lo que concierne a las plantaciones de palmeras para aceite. Mejor aún: al esforzarse en extraer el mejor partido de las capacidades regeneradoras de las plantas, los biotecnólogos han imaginado remplazar poco a poco el uso de las simientes naturales por las simientes artificiales. Se trata nada menos que de hacer crecer embriones somáticos en condiciones rigurosamente impuestas por el hombre. Con este fin, células vegetales somáticas indiferenciadas y cultivadas *in vitro* son introducidas en un envoltorio artificial que las protege de los males o de los depredadores durante el tiempo que el tejido tarda en adquirir capacidades de resistencia naturales.

Aunque este procedimiento no esté aún comercializado, resultados muy esperanzadores han sido obtenidos por los investigadores del Instituto Nacional de Investigaciones Agronómicas en el caso del arroz, la alfalfa o el algodón. En 1986, se inició en el marco del programa EUREKA un proyecto de investigación que reúne a Limagrain, Rhône-Poulenc agroquímica y Francereco (el centro de desarrollo francés de Nestlé). Su objetivo es evaluar el coste industrial del empleo a gran escala de las simientes artificiales, a fin de determinar las metas económicas.

Las técnicas de micropropagación tienen como objetivo, acabamos de verlo, perpetuar un genoma determinado. A la inversa, la mayoría de las veces se busca modiicar el genoma de las plantas, acrecentar su variabilidad. Se renueva así artificialmente la vieja técnica del injerto, que tendía también a permitir la expresión de todo un conjunto de características favorables.

Una primera vía consiste en operar la fusión de protoplastos de diferentes especies. Los híbridos así creados manifiestan a veces curiosas propiedades. ¡así, la «patata-tomate», híbrido de patata y de tomate, que tiene tubérculos en el suelo y genera frutos al exterior! Por desgracia, el híbrido así obtenido resulta estéril y tiene un interés agrícola cuestionable. Esta técnica conoció sin embargo algunos auténticos éxitos: en manos de los biólogos japoneses, la hibridación somática permitió crear nuevas formas de coles dotadas de cualidades comestibles muy apreciadas en Asia, y comercialmente explotadas (Biohakuran, Senposai, etc.). Híbridos de rábano y col, realizados por el INRA*, parecen también prometedores.

Pero la vía real para aumentar la variabilidad vegetal parece ser la técnica de transferencia de genes de la cual ya hemos esbozado el principio. Aunque ninguna de las plantas así modificadas tenga todavía un uso hortícola o agrícola, y la mayoría de los resultados obtenidos aún no hayan sobrepasado la fase experimental a pesar de los ensayos en campos, demuestran ya las enormes potencialidades de la ingeniería genética. En un primer tiempo, se trata de localizar los genes «candidatos» más interesan-

* INRA: Institut National de la Recherche Agronomique (Instituto Nacional de Investigación Agronómica).

tes para estos ensayos de transferencia. Ya se han caracterizado así la mayoría de los genes llamados estructurales que codifican para la producción de las principales proteínas nutritivas, por ejemplo la fasoleína del guisante, la leghemoglobina de las leguminosas, etc.

Además, si bien aún faltan datos en lo que respecta a los genes de regulación, se han realizado recientemente progresos sustanciales: se han caracterizado los que tienen un papel determinante en la diferenciación floral, la formación de los receptores de auxinas (sustancias de crecimiento de los vegetales) o el control de la fluidez de membrana. También se han puesto en evidencia secuencias reguladoras capaces de estimular a distancia la acción de los genes estructurales. Puesto que estos elementos del genoma bautizados como *enhancers* (literalmente «aumentadores») son capaces de incrementar el funcionamiento de genes definidos en el seno de tales o cuales tejidos u órganos particulares (hoja, raíz, etc.), se dispondrá dentro de poco del medio para provocar la expresión dirigida del gen recientemente introducido en una región delimitada de la planta.

Numerosos proyectos desarrollados en las compañías industriales e inspirados en la transgénesis están muy avanzados: es el caso de la transferencia artificial de genes capaces de neutralizar el funcionamiento de la pectinasa, enzima que disuelve las pectinas (sustancias responsables de la hidratación de la célula vegetal) de las frutas; así, se han obtenido tomates con un prolongado período de conservación. Pero se busca sobre todo mejorar el contenido de las plantas en proteínas de alto valor nutritivo (proteínas con un fuerte contenido en azufre o en lisina). Otros proyectos se refieren a la horticultura: ¡así la transgénesis permite ya la obtención de variedades de petunias dotadas de pigmentaciones hasta ahora desconocidas!

Pero aquí no se acaba el interés de la nueva genética en este campo. Permite también captar los grandes problemas de la fisiología vegetal: fijación del nitrógeno, movilización de los minerales en los suelos, o aun protección fitosanitaria.

Al tratarse del nitrógeno, se conoce la importancia de la utilización de abonos químicos para la economía alimentaria. Su fabricación representa, en el momento actual, más del 30% de la factura energética en agricultura. Hace unos diez años, el consumo francés alcanzaba ya dos millones de toneladas. Pero en la naturaleza existen sistemas fijadores de nitrógeno. Se encuentran en las cianobacterias de los arrozales, en las bacterias fotosintéticas (se sabe que se designa por fotosíntesis el conjunto de operaciones que, con la ayuda de la energía solar, permiten fabricar materia orgánica), y sobre todo en el género *Rhizobium* –que incluye microorganismos que viven en simbiosis con la planta huésped–. Así, por ejemplo, la simbiosis *Rhizobium*-leguminosa es responsable de la mitad de la fijación de nitrógeno a escala planetaria (trébol, soja, alfalfa, cacahuete, judía, guisante...). Sabemos que, en la mayoría de los casos, las bacterias utilizan como biotipo, es decir, como medio de vida, las radículas de estas plantas: en ellas desarrollan las nudosidades y operan así en semi-anaerobiosis (en ausencia de oxígeno del aire, algunos microorganismos extraen el oxígeno de las uniones químicas inorgánicas y lo utilizan como aceptor de hidrógeno: es lo que se llama respiración «anaeróbica»). Ahí transforman el nitrógeno del aire en nitrato mediante la acción de un gran número de enzimas y de trasportadores.

Hemos conseguido clonar la mayoría de los genes responsables de la fijación del nitrógeno. Incluso si este sistema genético muy complejo está lejos de haber sido esclarecido integralmente, se imagina sin problemas cuales podrían ser las consecuencias económicas y sociales de un pefecto dominio de la maquinaria que interviene en la fijación del nitrógeno planetario, y, si puedo permitírmelo, ¡la alegría póstuma de Justus Liebig y Jean-Baptiste Boussingault, pioneros, hace cientocincuenta años, del estudio del ciclo del nitrógeno!

Sin duda es en el campo de la adquisición de la resistencia frente a los agentes nocivos en donde podemos esperar los progresos más rápidos, que conduzcan a las primeras plantas artificialmente modificadas por ingeniería genética. Las empresas americanas por su parte han invertido considerables esfuerzos para conferir a variedades hortícolas o agrícolas nuevas propiedades de resistencia a los herbicidas. Una de las estrategias que permiten alcanzar este objetivo consiste en transferir a la planta un gen bacteriano considerado responsable de la resistencia al agente químico considerado. Así, la firma Monsanto ha conseguido obtener petunias resistentes a uno de los herbicidas más clásicos, el glifosfato, mediante transferencia e integración del gen EPSP; el mismo éxito se encuentra en el activo de Calgene en lo que respecta a los álamos. Por su parte, Dupont-de-Nemours, gigante de la industria química americana (que en 1984 ya consagraba más de 100 millones de dólares para la investigación y el desarrollo biotecnológicos), consiguió producir plantas resistentes a la sulfonilurea, mediante transferencia del gen bacteriano codificador de la acetolactato sintetasa.

En cuanto a los fitófagos, agentes naturales que atacan a las plantas y son responsables de sus enfermedades, incluso de su práctica desaparición (pensemos en los olmos), ¡no faltan! Ya se trate de virus, bacterias, mohos, o también de helmintos, insectos y pájaros... Desde hace varios años se intentan comprender los mecanismos íntimos de esta encarnizada lucha biológica, a fin de conseguir armas para la protección vegetal. Si bien los piretroides y otros agentes fitosanitarios de origen químico siguen prestando inmensos servicios, se consagran numerosos esfuerzos a la utilización de ferohormonas, hormonas que permiten la comunicación a distancia, particularmente en los insectos. Se fabrican así engaños químicos para desviar a los insectos nocivos.

La suelta de machos estériles constituye otra estrategia, ¡sin olvidar el empleo tradicional de la mariquita en la lucha contra el pulgón! Las biotecnologías modernas tienen sin duda algo que decir en la protección contra los fitófagos. La más hermosa ilustración actual es la transferencia a solanáceas (tabaco) de un gen procedente del *Bacilus subtilis.* Este gen es responsable en su huésped normal de la síntesis de una extraña proteína, muy estudiada en el Institut Pasteur (R. Dedonder, de Barjac), llamada proteína del cristal porque puede cristalizar en el propio interior de la bacteria. Pues bien, la molécula de este cristal es uno de los insecticidas conocidos más potentes, y también uno de los menos nocivos para el hombre y los demás mamíferos. Las plantas de tabaco que tienen integrado artificialmente el gen del cristal resisten naturalmente, y de forma hereditaria, a la mayoría de los insectos fitófagos.

Sin duda, este ha sido un largo desarrollo «vegatalista»; pero se habrá comprendido que comparto la opinión expresada por François Dagognet en *La Maîtrise du vivant* (Hachette, 1988): el reino vegetal, antaño desdeñado por la biología molecular, relegado al rango de lo insignificante por exuberancia, está en vías de rehabilitación. El vegetal está sin duda llamado al primer plano «tanto en la fábrica biológica como en la sociedad de mañana».

BIOTECNOLOGÍA Y GEOPOLÍTICA

Pero no sólo esta formidable biotecnología «verde» legitima el interés que mostramos hacia este aspecto de las biotecnologías. Su desarrollo puede tener consecuencias geo-económicas y geopolíticas considerables. No hay que tener miedo de decirlo, es la faz del mundo la que corre el riesgo de modificarse.

Durante mucho tiempo se pudo creer que sólo había que vérselas con grandes potencias: una especie de barrera hábil ante la presión de los ecologistas, y, al tiempo, una estrategia económica para estandarizar la producción de las moléculas de elevado valor añadido a expensas de los países en vías de desarrollo. Había lugar además para temer que, monopolizadas por los tres grandes bloques industrializados, estuviesen abocadas a acelerar la ruina de los países del tercer mundo. Albert Sasson lo explicó muy bien el *Le Jaillissement des biotechnologies* (Fayard-Fondation Diderot, 1987) al evocar el caso de las técnicas de micropropagación y de fabricación de moléculas de interés farmacológico o alimentario a partir de células vegetales en cultivo.

Únicamente entre las manos de las multinacionales, poseedoras además de las colecciones de cepas, de simientes o de genes, estas técnicas llevarían a la sustitución de los recursos naturales procedentes del hemisferio Sur, y por tanto de los productos que de ellos se extraen en el hemisferio Norte, por moléculas «estandarizadas» cuya fuente sería independiente de toda importación.

El riesgo se mantiene, y no debe ser subestimado. Pero, a la inversa, puede dibujarse un porvenir benéfico para los países del tercer mundo si ellos mismos se adentran con resolución en la dinámica de las biotecnologías al tiempo que operan elecciones compatibles con su economía y sus recursos locales.

Éste es un problema sobre el cual no hace tanto tiempo Hubert Curien, Philippe Kourilsky, Jean-Claude Pecker y yo mismo llamábamos la atención del presidente Mitterand: las soluciones biotecnológicas a veces ya existen; ocurre que están al alcance de la mano; tecnologías avanzadas de otra naturaleza (por ejemplo, el empleo de los satélites de observación, la geoquímica, la hidrología) podrían amplificar su aplicación ayudando a definir mejor las zonas áridas, o a prever la dinámica de las poblaciones vegetales o animales. Pero los factores limitantes siguen siendo numerosos: existe primero el problema de la masa crítica de «cerebros» (investigadores, ingenieros, formadores); más aún, una serie de cuestiones ligadas a los equilibrios geopolíticos y geo-económicos que no podríamos analizar aquí en detalle. Es necesario que las grandes potencias comprendan que «secuestrar» las tecnologías avanzadas en su único provecho no dejará de desestabilizar el sistema de intercambio de bienes y de servicios. Verán entonces agotarse una parte considerable de sus mercados. Sin hablar del grave problema de la deuda que seguirá retrasando todo cambio en la dinámica económica del hemisferio sur.

François Mitterrand pareció muy sensible a estos argumentos y, de hecho, los reflejó parcialmente en su *Carta a todos los franceses.*

Parece que asistimos afortunadamente a un cierto despertar biotecnológico y bio-industrial por parte de numerosos países situados fuera del bloque de los tres grandes polos económicos. Ciertamente, como se desprende claramente de las cifras, estos últimos detentan por su cuenta cerca del 90% del potencial biotecnológico mundial. Pero la voluntad de enderezamiento es muy perceptible en el resto del mundo desde hace dos o tres años, tal como se observa en Asia, y también en América latina.

El caso de China es especialmente destacable: se trata del país más poblado del mundo, que debe afrontar multitud de problemas para asegurar su abastecimiento en energía, en recursos alimentarios y en medicamentos. Se realizan enormes esfuerzos, bajo la dirección del Comité Nacional de Estado, en cuanto al cultivo vegetal *in vitro,* la selección de razas porcinas, la obtención de biogas a partir de *lisiers* (digestadores), los procesos de fermentación o la producción de enzimas. En 1986, el gobierno de la República popular China creó tres centros nacionales, en Shangai, Pekín y Cantón, destinados a acelerar el desarrollo de las biotecnologías. La apertura, aún más reciente, del Shangai Biological Processing Center va a dotar a esta gran comunidad china de un amplio arsenal de técnicas destinadas a los procesos de bioconversión.

Consciente de que necesita dar zancadas dobles, China está «montando» diferentes compañías bio-industriales, en general con importantes inversiones extranjeras. En tres años, los chinos han conseguido así quintuplicar la producción de enzimas de uso científico, agro-alimentario o médico. Su ambición es conseguir también un amplio grado de autonomía en materia de producción de vacunas. Trabajan ya muy activamente en la puesta a punto de una vacuna anti-hepatitis B obtenida mediante recombinación genética.

En América latina, a pesar de que este continente no haya conseguido crear el equivalente de un Mercado Común para explotar sus recursos naturales, el sector privado ha comprendido poco a poco la necesidad de una política de cooperación y de integración a fin de hacer frente a la falta de capitales indispensables para las inversiones. Se asiste por tanto a la creación de un gran número de consorcios transnacionales como, recientemente, el amplio conjunto del Andean Pact's Financial Corporation, creado con vistas a la explotación del clonaje de los vegetales superiores y el desarrollo del acuicultivo del camarón según procedimientos modernos; o también la poderosa estructura bilateral que asocia a Argentina y Brasil, el Centro Argentino-Brasileño de las Biotecnologías (CAB BIO), que dedica sus esfuerzos a los proyectos de interés común en los sectores referentes a la producción de las nuevas energías, de la salud, la genadería y el sector agro-alimentario. Por otro lado, una media docena de importantes empresas bio-industriales han empezado a surgir en varios países de América latina, afiliadas con frecuencia a intereses norteamericanos, japoneses o europeos.

Se podrían multiplicar los ejemplos... Países como la India, Corea, Taiwan, Singapur, invierten mucho en biotecnología. En el continente africano, aunque el arranque sea más lento, varios programas nacionales empiezan a producir resultados concretos, por ejemplo, en Túnez.

Antes de dejar estos análisis macro-económicos para abordar discusiones de orden muy distinto, no es sin duda inútil precisar rápidamente la actual relación de poderes en el seno del grupo de los países industrializados.

Si se tiene en cuenta conjuntamente el número de compañías industriales y de financiaciones públicas y privadas para el período 1983-1986, se puede decir que los Estados Unidos están en cabeza, con un 40% del potencial mundial, seguidos por Europa (30%) y Japón (20%).

En el interior de la Comunidad Económica Europea, si se encara la situación en términos de gasto público, Francia ocupa el tercer lugar detrás de la República Federal de Alemania y del Reino Unido.

Hay que añadir que algunas firmas nacionales dominan algunos sectores del mercado mundial. Así, Francia está especialmente adelantada en el sector de las simientes vegetales, en dónde pierde sin embargo terreno frente a Suiza y los Estados Unidos. Gran Bretaña destaca en el campo de los anticuerpos monoclonales y ha desarrollado compañías bio-industriales que responden a la fórmula del «capital-riesgo». La República Federal, con una relativa ausencia de especialistas, ha suscrito acuerdos, con un grado variable de aceptación, con el gigante Hoechst International, así como con algunas universidades americanas, para desarrollar el sector agro-alimentario y el de los medicamentos de segunda generación. Dinamarca, con la firma Novo, y los Países Bajos, con Gist Brocade, son actualmente los líderes mundiales en la producción de enzimas.

Un nuevo impulso llegará gracias a las iniciativas tomadas por las instancias de la propia Comunidad, notablemente por el programa Bridge (Biotechnology Research Program for Innovation, Development and Growth in Europe) que arrancará en 1990, dotado ya con una financiación de 120 millones de dólares.

Para terminar, se me permitirá entretenerme un instante con el caso francés, en la medida en que de él pueden extraerse algunas conclusiones generales sobre la política de investigación. Se recordará el informe encargado por Valéry Giscard d'Estaing, seguido por una puesta a punto técnica de Joël de Rosnay, y luego por un largo estudio de Jean-Claude Pelissolo. Si bien con ello se llamó oportunamente la atención sobre la importancia y la urgencia del problema, sólo en 1982 una voluntad política real pudo dar una continuidad concreta al trabajo de los expertos. El auge de las biotecnologías figura entre los siete programas de movilización lanzados por Jean-Pierre Chevènement.

Hombre de decisión impaciente, el ministro de Investigación y Tecnología no dudó en sacudir un poco al secretariado general del gobierno a fin de acelerar el paso en el campo de la biotecnología. Es inútil decir que tuvo mi apoyo como consejero del primer ministro. Tanto Salomon en su libro como Jean Dausset es un informe elaborado en 1985 pudieron comprobar, tres años después, que este programa favoreció buen número de actuaciones positivas.

Es fácil ironizar sobre esta forma de intervención del Estado, centralizada y programada. Se puede ciertamente desear que la iniciativa privada tenga la mayor parte de libertad y de espontaneidad. Pero en un sector como el de las biotecnologías, que no había alcanzado, lejos de ello, su régimen máximo de desarrollo y que, por añadidura, era el terreno de una competición internacional encarnizada, era necesaria una ayuda pública de este tipo y, de hecho, resultó eficaz. Fue por tanto un error por parte del gobierno de Jacques Chirac reducir brutalmente, de 120 a 30 millones de francos, el presupuesto de investigación para las biotecnologías. Llevado a cabo en nombre de un cierto dogmatismo ultraliberal, también condujo al gobierno a reducir inmediatamente, en la primavera de 1986, el presupuesto general de investigación en 3.000 millones de francos.

Las consecuencias de este error resultan, aún hoy día, difíciles de estimar; pero serán de peso. Y lo hubiesen sido aún más para las biotecnologías sin la determinación de científicos como Daniel Thomas y Pierre Douzou, responsables del programa movilizador. La misión de estudio confiada *in extremis* a René Sautier, antiguo presidente de Sanofi, por parte del primer ministro al final de su mandato puede ser sin duda considerada como una tardía toma de conciencia y la marca de una real inquietud ante las consecuencias de una decisión cuando menos precipitada.

Muchos otros aspectos del desarrollo de las biotecnologías habrían sin duda merecido ser expuestos y discutidos: aspectos jurídicos y éticos, aspectos ideológicos. Sin agotar este aspecto en el presente libro, tendremos la ocasión de volver puntualmente sobre ellos.

III

ENFERMEDADES HEREDITARIAS Y CUESTIONES DE ÉTICA

Si existe un campo en el cual la biología interpela lo social, es por excelencia el de la salud del hombre. Se dirá que no se trata de nada nuevo. Querría por el contratio mostrar que los términos en los cuales se plantea el problema han cambiado brutalmente. De hecho, el tiempo que separa un descubrimiento en biología fundamental de su aplicación a la salud pública se reduce cada vez más. El público y los responsables espían, por encima de los médicos, los laboratorios de los fundamentalistas de lo vivo.

Esto tiene su explicación: en un número de años muy reducido, la biología molecular, al proseguir el estudio fundamental de los seres vivos, pero esta vez en los organismos llamados superiores, ha conmocionado la mayoría de las nociones clásicas en patología, e incluso, en algunos casos, los hábitos profesionales de los médicos.

Estas observaciones se aplican sobre todo a los recientes logros técnicos de la genética molecular y de la inmunología, que proporcionan métodos de diagnóstico de una precisión insospechada hace sólo tres o cuatro años; pero también a los de la biología del desarrollo y de la reproducción humana.

Debemos el término de medicina deportiva a Jacques Ruffié, gran especialista de la tipología humana, que se interesa por los marcadores genéticos que constituyen en particular los grupos sanguíneos y otros antígenos de las células de la sangre. Tomó una importancia aún mayor tras los descubrimientos de Jean Dausset con los antígenos de histocompatibilidad, a veces llamados antígenos de injerto, y, sobre todo desde que el análisis del genoma, gracias a sus mapas de restricción, permite el acceso a una previsión precisa de los riesgos de enfermedades. El dominio de la reproducción humana, empleando una terminología tan preciada para el profesor Jean Bernard, comprende, al incluir el poder de curar y de conocer, lo que, al menos en la esfera de la biología y de la medicina, llama el tercer poder.

He aquí que la biología, ya se ocupe del gen o de la neurona –sus dos temas favoritos en la actualidad–, convertida en un asunto de la sociedad. Por un lado, tanto el hombre sano como el enfermo están hoy en día inclinados a interrogar a la biología, de la que esperan –sin duda demasiado y demasiado pronto– una explicación de su individualidad y de su destino; pero, por otro lado, fenómeno no menos destacable de esta civilización, los biólogos mantienen ahora una relación de diálogo constante con una sociedad a la que, de cierta manera, no dejan a su vez de interrogar. La especie de contrato social implícito que, en el siglo XIX y a principios del XX, regulaba las relaciones del biólogo y el mundo que le rodeaba, tenía como objeto aislar a los primeros, por voluntad deliberada o por acuerdo tácito. El único buen científico era el que estaba retirado en su torre de marfil, encerrado en su famoso «templo del porvenir» (Pasteur), sordo, al menos mientras experimentaba, a los ecos de los tumultos que podían llegarle del exterior.

En nuestros días parece haberse firmado aparentemente otro contrato, también el tácito, claro está. Raramente se ha visto al gran público tan apasionadamente interesado por las ciencias de lo vivo. Pero de forma más rara aún, se ha visto a tantos biólogos y médicos tomar parte en el debate social.

Se observa incluso un curioso proceso de sustitución: los juristas, por ejemplo, asisten casi pasivamente a la conmoción de las reglas en materia de patentes a la que da lugar el avance de la ingeniería genética; y los filósofos se contentan, en su mayor parte, con escuchar silenciosos los discursos que los biólogos mantienen sobre la vida. Hasta el debate sobre la ética es en gran parte deseado, si no es conducido por los propios biólogos.

Algunos pensarán que la actitud de los biólogos procede sencillamente de algún tipo de fenómeno de descompresión: durante tiempo considerados como amables soñadores, sin duda no están descontentos con ocupar un poco los primeros lugares y con romper algunas lanzas con sus colegas de las demás ciencias llamadas exactas.

Pero creo que hay que aportar una explicación más profunda a esta repentina y creciente propensión a los contactos con el mundo exterior. Es lo que Jacob, Royer y yo mismo sugeríamos al final de nuestro informe al presidente de la República, hace una decena de años: «Contrariamente a lo que se desearía hacernos creer, no se trata de formarse una determinada idea del hombre a partir de la biología. Por el contrario, se trata de, a partir de una determinada idea del hombre, utilizar la biología al servicio de éste.»

El espectro de la última guerra mundial está demasiado presente. Biólogos, genéticos y neurofarmacólogos no han olvidado la terrible experiencia nazi. Por ello, no es caer inevitablemente en la moralización o en el maniqueismo el interrogarse, cuando se es biólogo, sobre el alcance social de las nuevas técnicas de diagnóstico prenatal, sobre la de las huellas genéticas, o aun sobre la reproducción medicalmente asistida.

Todo el mundo sabe hoy en día, reforzado en sus temores por la historia (y también por la evidencia del presente), que son necesarias muy pocas cosas para pasar de la práctica médica, surgida de los progresos de la biología, a la desrazón o a la exacción ideológica pura y simple. E incluso si se considera que estos extremos no están afortunadamente ni en el orden del día ni en el horizonte inmediato, es sencillamente legítimo interrogarnos sobre lo que debemos hacer, investidos con ese «nuevo poder» del que habla Jean Bernard, y preguntarnos qué tipo de sociedad queremos edificar con su ayuda. Con estas cuestiones en mente, vamos a abordar algunos de los temas que tienen fama, desde hace algunos años, de tener relación con la bioética.

BIOLOGÍA MOLECULAR Y ENFERMEDADES HEREDITARIAS

Si he elegido abordar estas cuestiones por medio del aporte de la biología molecular al tratamiento de las enfermedades hereditarias, no es por el placer de desconcertar; es para incitar al lector a equilibrar su juicio.

En esta materia, las reflexiones se concentran, y luego

se fijan, demasiado a menudo, en el caso, efectivamente sobrecargado, de la procreación artificial. De ahí surgen tomas de posición generalmente extremistas y especulaciones a menudo aventuradas, ya vayan en el sentido del conformismo moral y social o del utopismo científico. Propongo que se mantenga siempre con firmeza el hilo que une el indiscutible y fulgurante progreso médico que se puede comprobar desde hace algunos años con estas cuestiones de ética.

Toda advertencia o todo discurso que tenga como consecuencia frenar este progreso, hacerle de obstáculo o desviarlo me parece rechazable. Éste es en cualquier caso el criterio de juicio que propondré, después de haber mostrado cómo este progreso no obedece sólo a una especie de lógica prometeica, que querría arrancar a la naturaleza sus secretos a cualquier precio, sino que abre posibilidades radicalmente nuevas para aliviar o evitar sufrimientos atroces, antaño irremediables o inevitables.

No retrazaré aquí, aunque sea someramente, la historia de la noción de enfermedad; me bastará con recordar que sólo al principio del siglo XX, después de los descubrimientos pasteurianos, surgió el concepto de «terreno», y se empezó a hablar de los «factores genéticos» de algunas enfermedades. Con mayor precisión, es en 1901, al analizar el metabolismo de dos aminoácidos, la fenilalanina y la tirosina, en personas con trastornos hereditarios graves, cuando Garrot emite la hipótesis de una relación directa entre los genes y las enzimas. Durante mucho tiempo, las investigaciones sobre las enfermedades hereditarias consistieron esencialmente en observaciones sobre la teratología, es decir, la comprobación de malformaciones congénitas, o, en el mejor de los casos, en auténticos estudios de transmisibilidad de taras genéticas, como se llamaban entonces, como el famoso síndrome de hemofilia en la familia de los zares.

La forma moderna de abordar el problema coincidirá con el refinamiento de los estudios citológicos y cariotípicos, y sobre todo con los trabajos de la escuela americana de Linus Pauling y de V. Ingram sobre las «enfermedades moleculares» (1957). Se demuestra en efecto por primera vez que una enfermedad hereditaria bien caracterizada que afecta a los glóbulos rojos, la anemia falciforme (o drepanocitosis) se debe a una mutación puntual. El simple cambio de un «eslabón» de la proteína resultante de la mutación provoca la agregación de todo el complejo hemoglobínico, lo que causa *in fine* una obstrucción, a veces mortal, de los vasos sanguíneos. Después, la genética humana, al localizar las mutaciones causantes de numerosas enfermedades hereditarias sobre el mapa de los cromosomas, y luego las técnicas de ADN recombinante, van a llevar a progresos decisivos en este campo concreto de la patología.

Las enfermedades hereditarias, aunque relativamente raras, no son por ello menos temibles. En su obra *Entorno y medicina,* el doctor Maurice Stupfel escribe estas líneas al respecto: «Éstas, en los tratados actuales de medicina, agrupan malformaciones del esqueleto (braquidactilia, polidactilia, focomelia, morro de liebre, luxación de la cadera, malformaciones dentarias), de los tegumentos (enfermedad cutánea de Recklinghausen, ictiosis, queratosis palmo-plantaria), de los músculos (miopatía), de los órganos de los sentidos (daltonismo, ceguera, sordera), de la coagulación sanguínea (hemofilia). Los progresos de la bioquímica y de la inmunología han ampliado prácticamente hasta el infinito esta enumeración, porque han puesto en evidencia las posibilidades de afecciones hereditariamente transmisibles más discretas, ya que están determinadas por disfunciones enzimáticas o inmunológicas (glicogénesis, cistinuria, hemoglobinopatía, afecciones ligadas al factor HLA)». ¡He aquí que dice mucho del marco de esta terrible carga genética! Pero habría que añadir a esta lista de por sí impresionante las numerosas catástrofes de origen hereditario que pueden ocurrir durante el desarrollo embrionario del sistema nervioso (anencefalia; no cerramiento del tubo neural o espina bífida; iniencefalia o síndrome del «hombre sin cuello», descrito por Klippel Feil en 1912, etc.); sin olvidar la sicosis maniaco-depresiva, la enfermedad de Huntington, la enfermedad de Alzheimer, las numerosas causas de modificaciones en el metabolismo neuronal o glial de los glucocerebrósidos (enfermedad de Gaucher), de los gangliósidos (enfermedad de Tay-Sax), la enfermedad de Wilson, la enfermedad de Lesh Nyhan, ligada al sexo, la trisomía 21, etc.

Paremos aquí esta penosa evocación. No nos extrañará aprender que se conocen hoy en día cerca de tres mil enfermedades ligadas a defectos genéticos. En total, un 1% de los nacimientos llevan su firma y cerca de un 30% de la mortalidad infantil (en los países libres de las grandes endemias infecciosas o de la desnutrición) se debe a enfermedades de esta naturaleza.

Como se ha dicho, únicamente en algunas decenas de estas enfermedades se ha precisado la localización del gen implicado en el mapa cromosómico. En algunos casos, se es capaz de indicar en qué cromosoma reside la mutación, e incluso en qué región de éste, sin que por ello el gen preciso haya sido identificado. Este aspecto de la genética molecular, conocido con el nombre de genética inversa, en el que el biólogo va de alguna manera de la enfermedad al gen, y del gen a su función (en lugar de ir del conocimiento de la proteína modificada a la identificación del gen) ha permitido, entre otras cosas, establecer que el «*locus* mórbido» de una grave enfermedad como la mucoviscidosis —enfermedad que provoca una asfixia fatal en los niños afectados, por hiperproducción de mucus— era llevado por una región definida del cromosoma 7. En otros casos, no sólo el gen portador del *locus* implicado ha sido identificado, sino que este gen pudo incluso ser aislado gracias a las técnicas de la ingeniería genética. A partir de entonces, resultó posible caracterizar la proteína que le corresponde y, gracias a la obtención de anticuerpos específicos, se ha podido precisar la localización de la proteína alterada en la célula, e incluso conocer su función.

Este hermoso éxito se ha llevado a cabo en el estudio de una enfermedad hereditaria muy seria que afecta a los músculos estriados, es decir, los músculos de la contracción voluntaria y del corazón. Se trata de la miopatía de Duchenne de Boulogne (o DMD), del nombre del médico francés que la describrio en 1866. Su cuadro clínico está marcado por la aparición de disfunciones en la marcha hacia la edad de tres años, por una atrofia muscular progresiva que condena a los niños a la silla de ruedas hacia los diez años, y a los adolescentes a la insuficiencia respiratoria y a la muerte hacia los veinte años. Los trabajos de Kunkel y de su grupo (1986), precedidos, es cierto, de una impresionante cosecha de datos clínicos, genéticos y bioquímicos procedentes de un gran número de laboratorios de todo el mundo, han llevado, después de cuarenta años de duro trabajo, al aislamiento completo del gen DMD. Este gen es incidentalmente el mayor de todos los genes conocidos (¡cerca de dos mil kilobases, es decir, un tercio del cromosoma completo de *Escherichia coli,* del que sabemos que contiene cerca de dos mil genes!). Este «macro-gen» ha sido casi completamente secuenciado, de forma que su producto de expresión, una enorme proteína bautizada «distrofina», está ya él también caracterizado. Así, por primera vez, en un tiempo muy corto (tres o cuatro años), la «genética inversa» ha conseguido esclarecer el mecanismo molecular y celular de la enfermedad.

La frecuencia de «aparición» de las enfermedades hereditarias —al menos las que están al alcance del conocimieno de los médicos— varía en proporciones considerables cuando se trata de afecciones en las cuales la enfermedad aparece como consecuencia de una única alteración (afecciones llamadas monogenéticas): así, algunas son especialmente raras, con una frecuencia inferior a 1 sobre 100.000; otras, como la mucoviscidosis o la DMD, son mucho más frecuentes (1 sobre 1.600 y 1 sobre 3.500, respectivamente).

Pero muchas de estas afecciones tienen un carácter recesivo: no producen manifestaciones en los sujetos portadores de la mutación siempre que uno de los dos cromosomas parentales sea normal. El número de transmisores sanos puede ser por tanto mucho más elevado. Por ejemplo, en el caso de la mucoviscidosis, en la cual la afección pasa de una generación a otra según el modo recesivo, aproximadamente una de cada veinte personas es portadora del gen mórbido, es decir, ¡cerca de tres millones de personas en Francia!

Al lado de la ecuación: un gen defectuoso = una enfermedad, hay que hacer intervenir situaciones relativamente frecuentes en las que las alteraciones afectan, no a un gen, sino a varios a la vez. En la mayoría de los casos estas alteraciones determinan predisposiciones a la enfermedad más que una provocación directa de la misma. Y aún hay que hacer intervenir factores del entorno, tales como una infección viral por ejemplo. El número de personas alcanzadas por las afecciones de naturaleza poligénica es relativamente elevado. Entre estas enfermedades podemos citar: la diabetes insulino-dependiente, la arterioesclerosis, la hipertensión arterial, algunos tipos de depresiones... Existe a menudo una relación estadística entre la aparición de una afección de carácter poligénico y la alteración de un *locus* llevado por un gen de histocompatibilidad.

¿Qué ocurre actualmente con el diagnóstico genético? Desde hace tiempo existe un esfuerzo para prever los signos precursores de la enfermedad, bien en el feto, bien en el recién nacido, incluso, en algunos casos, en el adulto cuando éste proviene de una familia llamada de riesgo. Para estos diagnósticos se recurrió en el pasado a medidas de parámetros bioquímicos, inmunoquímicos, o a exámenes del cariotipo (fórmula cromosómica de los individuos). Existe así en las personas afectadas por la enfermedad de Duchenne una tasa anormalmente elevada de creatin-quinasa, que puede servir como indicador.

Otro ejemplo: el bien conocido del mongolismo, que implica una alteración en el número de cromosomas 21.

Pero los progresos de la genética molecular permiten disponer hoy en día de copias o fragmentos significativos de genes, llamados sondas genéticas. A veces se trata de fragmentos obtenidos mediante procedimientos de síntesis química que implican operaciones automatizadas llevadas a cabo por máquinas «programadas» para ello (sintetizadores de oligonucleótidos). Pero en la mayoría de los casos son auténticas copias de los ARN mensajeros (c-ADN), obtenidas al convertir estos últimos por medio de la transcriptasa inversa (la transcriptasa es la enzima que cataliza la transcripción de los genes en ARN; la transcriptasa inversa permite pasar del ARN al ADN). La mayor parte de las veces, estas sondas son marcadas con un trazador radioactivo, o combinadas con reactivos amplificadores. Así, se las puede descubrir después de hacerlas interaccionar con el gen del que se busca la eventual alteración. Esto se practica hibridando la sonda con una preparación de ADN procedente de muestras celulares tomadas en el paciente.

Cuando no existe ninguna alteración en el gen estudiado, el híbrido formado es «perfecto», lo que le proporciona una total resistencia a las nucleasas, es decir, a las enzimas capaces de clivar los ácidos nucleicos. En el caso contrario, el híbrido es imperfecto y se pueden descubrir sus anomalías por electroforesis, o con pruebas de digestión. Por ejemplo, la hibridación con una «sonda hemoglobina» permitirá precisar si el paciente presenta o no deleciones en los genes globinas, alteraciones en los mecanismos reguladores (talasemias) o también mutaciones puntuales (drepanocitosis).

Estas técnicas no requieren un aparateje complicado; pero la obtención de sondas resulta a veces delicada. Se puede sin embargo entrever que en un futuro cercano estos procedimientos podrían ser utilizados en el laboratorio de análisis. En 1974, dos médicos americanos, Kan y Dozy, emplearon por primera vez las técnicas de hibridación con sondas genéticas en patología humana para buscar precisamente alteraciones que pudiesen afectar a los genes de la hemoglobina. Desde entonces, una quincena de enfermedades hereditarias, de las más frecuentes, pueden beneficiarse con esta metodología.

Como ya hemos subrayado, estos tests genéticos pueden ser practicados en el feto (diagnóstico prenatal), después del nacimiento (diagnóstico preclínico), o en el adulto para la búsqueda de transmisores. Los diagnósticos prenatales basados en el empleo de sondas genéticas presentan, frente a los otros métodos, la ventaja de una mayor fiabilidad, generalmente superior al 90%. Pueden además realizarse en fases relativamente precoces del desarrollo fetal, a partir de la onceava semana de embarazo. Se extrae entonces el ADN presente en las células del trofoblasto, el epitelio exterior, extraembrionario, que sirve para nutrir el huevo. El número de actos de diagnóstico realizados en Francia, en el estado prenatal, que no era superior a veinte al inicio de los años setenta, alcanza hoy en día varios miles.

La tendencia a esta búsqueda sistemática parece reforzarse. Está inspirada por el deseo, no sólo de aconsejar a las parejas sobre la oportunidad o no de procrear cuando uno de los conyuges pertenece a una familia de riesgo, sino, más aún, por el de desarrollar una auténtica medicina predictiva. La meta de esta medicina puede ser sencillamente llamar la atención sobre las consecuencias de una enfermedad para el niño que va a nacer, cuando no se dispone por otro lado de ninguna terapia y la enfermedad puede tener consecuencias fatales. Pero cuando una terapia, incluso parcial, es posible, se pueden tratar de instaurar algunas formas de tratamiento o al menos una vigilancia médica más regular, si es necesario, desde el nacimiento.

No subestimemos sin embargo las dificultades: la mayor parte de las veces, estas prácticas se reducen a una especie de depistaje terapéutico, puesto que para la mayor parte de estas enfermedades aún no ha encontrado remedio. ¡El problema que aquí se plantea, y que interpela seriamente a nuestra sociedad, es el de «saber sin poder»!

Pero ya se dejan ver las posibles consecuencias, jurídicas y morales, de la extensión del diagnóstico genético. Por ejemplo, ¿no se verán tentados los padres de un niño que nazca anormal a demandar al médico que no hubiese recurrido al diagnóstico genético? Problema tanto más serio cuando encuestas norteamericanas y francesas revelan claramente que en este asunto la información no se reparte por igual entre todas las capas sociales: así, se practican actos de depistaje genético con una frecuencia mucho mayor en personas pertenecientes a las profesones liberales y en las clases sociales acomodadas que en las demás... La noción de pérdida de oportunidades, citada con tanta frecuencia en nuestros días al hablar de los médicos basándose en el derecho a la salud, ¿va a extenderse también a la falta de información genética? Por mi parte, estoy convencido de ello.

A la inversa, hay que reconocerlo, una determinada

fracción de la población preferirá mantenerse en la ignorancia antes que llevar, sicológicamente hablando, la carga del fardo genético. El caso de la enfermedad de Huntington, muy rara pero temible, ya que aparece después de los cuarenta años y expone al enfermo a una terrible decrepitud neurológica progresiva que lleva a la muerte, ha sido con frecuencia evocado en los comités de ética· ¿no hay que respetar aquí el derecho a la ignorancia? El mismo problema se plantea para la enfermedad de Alzheimer, cuyo *locus* aún no ha sido determinado. Podría estar llevado por el cromosoma 21 y sus alteraciones estarían cercanas a las que se encuentran en el origen del mongolismo. En esta enfermedad, a partir de los cuarenta o cincuenta años aparecen, como se sabe, trastornos de la memoria, seguidos por una pérdida de autonomía del comportamientom así como los principales síndromes de la demencia senil.

La existencia de una orientación cada vez más clara hacia la prática del diagnóstico genético previo es más patente teniendo en cuenta que, como lo veremos, nos encaminamos por otro lado hacia el completo conocimiento del genoma humano. Fuera de estas amplísimas operaciones, que tienden al secuenciamiento integral de todo el ADN de los cromosomas, hay que mencionar también otra tentativa: se trata también en este caso de un ambicioso programa, ya realizado en gran parte, y cuyo objeto es el estudio del polimorfismo genético en el hombre.

Este programa se lleva a cabo a nivel internacional en el centro de estudios del polimorfismo humano, el CEPHE, en París, bajo la dirección del profesor Dausset. Tiene como finalidad reunir, después de haber seleccionado unas cuarenta familias, un número suficiente de sondas correspondientes a marcadores de restricción, varios centenares más o menos, a fin de facilitar la localización cromosómica de genes aún no cartografiados. Este programa está, en lo esencial, prácticamente terminado. Hay por tanto un número considerable de «herramientas» disponible gracias a los esfuerzos conjuntos de investigadores europeos y americanos. La distribución de las sondas de restricción, tal como se las llama, se realizará dentro de poco, y de forma gratuita, a los laboratorios que las soliciten.

Frente a estas diversas tentativas, se plantean dos problemas relacionados. El primero afecta a la confidencialidad de estas operaciones, sobre todo en cuanto a los datos resultantes: se penetra cada vez más en la intimidad del hombre al analizar sus genes a nivel molecular. ¿Quién tendrá acceso a los registros genéticos, además de los investigadores y los médicos? El segundo está ligado al ostracismo genético y a su forma sistematizada, la eugenesia. Por ostracismo entendemos aquí el fichaje, con intenciones segregativas, de toda una categoría de individuos. Este puede revestir varias formas. Además del análisis genético exhaustivo de los cromosomas, se puede recurrir a una técnica, célebre desde hace poco gracias a los éxitos policiacos que ha permitido en el Reino Unido. En este caso, el interés por los genes ya no se centra en la búsqueda de enfermedades, consideradas como taras eventuales, sino en lo que se llama las huellas genéticas; se trata de afirmar con certeza que una determinada célula procede efectivamente de un individuo dado, por medio de un análisis genético global. La investigación de la paternidad entra en esta categoría de iniciativas, pero, poco a poco, éstas se orientan hacia un empleo más general, para ayudar a las oficinas de imigración, por ejemplo, en los Estados Unidos.

El principal riesgo parece residir en la extensión a todos los ciudadanos de un procedimiento de fichaje de este tipo. Las administraciones dispondrían entonces, con el mapa genético, de un medio de identificación implacable, que sería mucho más revelador que el recurso a las huellas digitales. Estas últimas no permiten en efecto extrapolar datos en lo referente a la individualidad sicológica y a las potencialidades de la persona implicada, así como a los factores de riesgo que se le pueden imputar.

LA TENTACIÓN DE LA EUGENESIA

Sería demasiado fácil caer aquí en el maniqueísmo. En el fondo, ¿no ve ya cada individuo cómo su intimidad es más o menos analizada en detalle por los ordenadores? Pero, aunque existan leyes garantizando la confidencialidad informática, el problema adquiere en este caso otra dimensión. La eugenesia no está lejos. En efecto, en cuanto se pueda disponer de registros precisos con las fórmulas genéticas de los individuos, y en cuanto se pueda establecer la lista de sus genes de histocompatibilidad, de sus factores de riesgo y de las mutaciones portadoras de enfermedades hereditarias, la tentación de hacer de ellas un uso que sobrepasará al de la prevención médica (compañías de seguros, ofertas de empleo, etc.) será grande. Aunque no sería difícil legislar en esta materia y varios comités de ética ya se han pronunciado en este sentido. Pero un cierto deslizamiento insensible hacia una sistematización eugenésica se está iniciando, lo que me parece muy preocupante*.

Cuando una grave amenaza pesa sobre la vida del niño que va a nacer, el recurso al consejo genético que la acompaña, en general seguido de aborto, puede ser para algunos un acto eugenésico caracterizado, mientras que para otros se tratará de un acto esencialmente humanitario. Nuestro propósito no es tanto tomar partido como subrayar que, si hay eugenesia, cada miembro de la pareja puede al menos reaccionar en función de su propia sensibilidad, de su ética personal o de sus creencias. Pero ante la sistematización del estudio de los genes humanos, es decir, de su análisis comparado a nivel de los individuos, hay que ponerse en guardia ante la instauración de una forma de desviación sicosocial: se pasaría más o menos conscientemente de la noción de «rasgo hereditario de incidencia mórbida o letal» a la de «rango hereditario no conforme, sobreentendiendo: a la norma».

Que esta pretendida «norma» tenga o no un fundamento científico y médico no cambia mucho el problema en el momento, claro está, en que la selección preventiva sea *impuesta.* Frente a tentativas que tenderían a uniformar los genomas de los individuos en función de determinadas referencias normalizadas, conviene recordar que es el polimorfismo y no la uniformidad genética lo que constituye la regla en el hombre, como en cualquier otra especie.

* El Office of Technology Assessment (OTA) de los Estados Unidos lanza una amplia encuesta sobre las utilizaciones abusivas, ya preocupantes por su número, de los datos proporcionados por los análisis genéticos, que llevan a cabo diversas compañías industriales con sus candidatos al empleo y sus empleados...

El doctor Kourilsky ha aportado a este tema precisiones muy interesantes: «Conservamos la estimación, probablemente minorada, de una diferencia cada mil bases de media entre dos individuos. Debemos concluir que hay unos tres millones de diferencias, al menos, entre dos genomas humanos que contienen unos tres mil millones de pares de bases» *(Los artesanos de la herencia,* Odile Jacob, 1987). No se puede, por lo tanto, hablar de gen patrón, o de gen de referencia.

También hay que reconocer que la frontera entre un gen mutado cuyo producto es defectuoso y un gen mutado, cuyo producto conserva una función normal, o casi normal, es a veces de lo más sutil. Existe un serio riesgo de caer en una ampliación inconsiderada de la práctica del diagnóstico antenatal; ampliación que tendría a una determinada conformización del patrimonio genético en el seno de una determinada sociedad.

La prudencia, incluso la intransigencia, se imponen si queremos evitar la edificación de una eugenesia molecular sistemática. El mundo necesitará mucha sabiduría para ser capaz, por un lado, de mantener la marcha hacia el progreso científico, y, por otro lado, evitar el proceso de recuperación sociopolítica o ideológica. Ya he mencionado el requisitorio del doctor Muller-Hill; pero también podemos referirnos a un artículo de un reciente informe (Marc Rocheman, *Biofutur,* febrero de 1988). El autor recuerda determinados hechos que, históricamente, han tristemente ilustrado lo que se podría llamar eugenesia activa.

Así ocurrió con las campanas de esterilización masiva, entre 1920 y 1930, en unos treinta Estados norteamericanos, de alcohólicos, anormales y débiles mentales, pero también con los experimentos nazis y la búsqueda de la solución final. Se puede también evocar –mostrando con ello que la eugenesia no tiene, por desgracia, fronteras– las prerentorias declaraciones de Charles Richet o de Alexis Carrel, dos franceses, ambos premios Nobel, predicando con pasión la supresión de los anormales. Y el autor concluye que «estas tendencias siempre existen en la sociedad, e impregnan por tanto parte del público, y también juristas y científicos que son «gente como todo el mundo». El SIDA sirve en estos momentos de crudo revelador de estas tendencias: tatuaje de los seropositivos sobre el sexo (un médico suizo); aislamiento de los enfermos en «sidatorios» (un político francés); prohibiciones profesionales, etc. El nuevo poder de las biotecnologías sobre la vida, unido a estas viejas tendencias siempre presentes, da una dimensión particular al debate ético actual.

Pero querría dejar un instante el campo de la historia de la salud pública, e incluso de la genética.

No por ser biólogo y amar apasionadamente su profesión, como yo lo hago, se deja de experimentar a veces una cierta sensación de agobio frente a lo que, extrapolado de esta ciencia, podría aparecer como normativo, clasificador o sencillamente referencial. No por comprender hoy en día mejor la biología del hombre se debe reducir éste, cada vez más, a su dimensión estrictamente biológica. Así, al releer «La tentación eugenésica», un artículo recientemente publicado por Albert Jacquard, estoy tentado en darle la razón: «¿Para qué serviría lo eugenésico?, escribe. ¿Para desarrollar mejores genes, un mejor medio ambiente? Lo que hay que desarrollar es nuestra capacidad para desarrollarnos nosotros mismos. ¿No sería un hermoso objetivo para una sociedad, en lugar de mejorar los genes, no se sabe cómo y en qué dirección, mejorar la capacidad para utilizar este magnífico regalo que la naturaleza nos ha dado y al que actualmente impedimos manifestarse? *(Les Cahiers du MURS,* octubre de 1984, n.º 1).

Con la misma disposición de espíritu, podríamos citar al filósofo Georges Canguilhem, para quien hablar de normas es ante todo hablar de separación de estas normas. ¿Henos aquí, de nuevo, frente a un «irreversible» de la ciencia que, puesto que antes o después se hará normativo, se verá a la vez «moral» en el sentido durkheiniano del término?

Otro ejemplo, muy actual, de la intrusión biológica en lo cultural, se refiere al control de la reproducción. El profesor Jean Bernard nos recuerda que este control se remonta a la historia más antigua. Así, en la Roma antigua, un médico aconsejaba a las mujeres retener su respiración, y estornudar en el momento decisivo, para evitar la fecundación... Se ha hablado tanto del problema de la reproducción humana que se me perdonará, aquí más aún que en otras ocasiones, evitar la exhaustividad.

Se toca, con las modificaciones, aún muy hipotéticas, de embriones humanos mediante técnicas de transgénesis, a lo que Henri Atlan llama en *El surgimiento de las biotecnologías* «una especie de auténtica eugenesia activa». Con ello atiende que nos esforzamos en «fabricar» un ser dotado de las virtudes esperadas por el mayor número, en oposición a la eugenesia pasiva en la cual se «elimina» lo que la naturaleza nos ha dado y es juzgado no conforme a normas impuestas. Por lo mismo, las tecnologías de la reproducción, llamadas, gracias a las inagotables virtudes de la semántica, a veces «reproducción medicalmente asistida», se inscribirán con bastante lógica en la prolongación de las de la ingeniería genética. Pero sólo habrá que rozar el tema para subrayar la resonancia cultural.

Las técnicas de reproducción medicalmente asistida se iniciaron con las prácticas de inseminación artificial. Estas prácticas, de lo más corriente en agronomía, ganadería y biotecnología, tuvieron un papel capital en la reproducción de las diferentes especies animales. Su aplicación a la especie humana se inició en 1958, cuando se tuvo la idea de aconsejar a jóvenes, amenazados con la esterilidad después de tratamientos quimioterapéuticos, el recurrir a la conservación espermática. El caso se hizo algo complejo a partir del momento en el cual, después de una esterilidad accidental en el miembro masculino de la pareja, se recurrió al mismo tipo de intervención con el esperma de donantes anónimos. El problema que entonces se planteó se relacionaba esencialmente con la disociación entre el acto de amor y el acto de reproducción, como expresa Jean Bernard. El anonimato del padre genético puede provocar en la pareja, y más aún en el niño, desequilibrios síquicos bien conocidos por los especialistas.

El aspecto más familiar de las nuevas prácticas, el que ha sido objeto de los debates más apasionados, y que ha puesto especialmente a prueba a la mayor parte de los comités de ética, es el de la fecundación *in vitro,* es decir, la fecundación fuera del organismo femenino del óvulo por el espermatozoide. El primer caso de «bebé probeta» es el de Louise Brown, esa niña nacida en julio de 1978 en una clínica cerca de Cambridge, creada por Edwards y Septor. Otros «niños probeta» nacieron después en Francia, en Australia, en Alemania. Ciertamente, la medicina rinde así un gran servicio al disminuir la desgracia de la esterilidad. En la mayoría de los casos, se trata de remediar la obstrucción de las trompas. Pero cómo no preocuparse con una de las consecuencias discutibles de esta práctica; teniendo en cuenta el número relativamente importante de fracasos, el médico se ve obligado a fecundar varios óvulos en el laboratorio y a reimplantar, claro está, sólo uno. Los biólogos, los obstetricios, disponen por tanto a menudo de un número relativamente importante de embriones humanos congelados, con los cuales no se sabe qué hacer: ¿destruirlos?, ¿conservarlos?

El problema se complica, como se sabe, cuando se recurre a una madre portadora. El niño así concebido tiene literalmente dos madres, y se conocen todos los debates que rodean a esta singular, pero no excepcional, situación. Y aún estamos ante prácticas que tienen su base, al menos en parte, en un proceso de desarrollo fisiológicamente natural. Pero se perfilan ya dos situaciones más fantasmagóricas. Nada impide pensar que podrían entrar en el campo de lo real a lo largo del siglo XXI.

La primera sería el desarrollo de un niño *totalmente* en el exterior del cuerpo femenino. Por ahora, esta operación es imposible, ya que más allá de algunas divisiones (estado dieciséis células) el ovocito fecundado no es reimplantable, y que la embriogénesis completa es imposible *in vitro.*

La segunda se refiere a la posibilidad de llevar a cabo la transgénesis en uno de los ovocitos supernumerarios, de los que hablamos hace poco. Sería posible, en efecto, practicar diagnósticos genéticos con uno de los óvulos liberados por estimulación artificial. Este óvulo sería posteriormente sacrificado, pero serviría para precisar la extensión de una eventual lesión genética. Se procedería entonces a la corrección genética sobre otro óvulo, antes de reimplantarlo en el útero materno.

Se sabe que actualmente se ha prohibido toda transferencia genética sobre un individuo o sobre un feto, tanto si esta transferencia interesa a las células somáticas como as las gaméticas. También es ilegal realizar este tipo de experimentos sobre óvulos, fecundados o no. En cambio, están autorizadas en células somáticas humanas, mantenidas en cultivo, mientras no sean reimplantadas. Aquí, como en los primeros tiempos de la ingeniería genética, cuando los biólogos aceptaron la idea de una moratoria, la ética internacional ha expresado la voluntad de no ir más adelante, o más bien de situar límites precisos al hecho de ir más lejos.

El problema es efectivamente el de la terapia genética: el hombre que intenta convertirse en ángel no quiere arriesgarse a convertirse en demonio. Sin embargo, la práctica de la transgénesis somática, al utilizar, por ejemplo, trasplantes medulares a los que se les producen transformaciones genéticas *in vitro,* debería lógicamente imponerse, si queremos poder luchar un día con eficacia contra las enfermedades hereditarias graves. A menos de recurrir al aborto, se ve mal cómo evitar esta etapa, si no se puede atacar la enfermedad con los tratamientos usuales, en particular quimioterapéuticos. A menos que la sociedad decida otra cosa —bien porque estime el coste de las intervenciones demasiado elevado, bien porque prefiera dejar las cosas como están.

Si, como piensan muchos biólogos, la terapia genética a nivel del soma va a marcar un giro decisivo en la medicina de mañana, al igual que el empleo de injertos de órganos, ello supondrá un dominio perfecto de las técnicas de transferencia genética*; pero no se sabe aún dirigir con certeza al gen extranjero, corrector, a un lugar preciso del cromosoma. Se corre entonces el riesgo de deteriorar, al hacerlo, un gen normal al querer reparar el gen defectuoso.

Como subraya muy juiciosamente Atlan, la introducción de las prácticas biotecnológicas, principalmente las de la transgénesis sobre óvulos humanos fecundados, incluso si responde en principio a una demanda terapéutica, refuerza de forma considerable la representación que podemos hacer de nosotros mismos como sistema bioquímico reducido a interacciones moleculares.

* En el momento en que escribimos estas líneas, se ignoraba aún que la comisión americana encargada de examinar todos los protocolos experimentales en los que intervienen técnicas de ingeniería genética acaba de autorizar el empleo de células humanas genéticamente manipuladas para el tratamiento de algunos cánceres. Parece que la experiencia se realizará en dos tiempos: en una primera fase nos esforzaríamos por marcar (genéticamente) las células linfocitarias antes de reinyectarlas para su seguimiento en el organismo. En una segunda fase, la tentativa terapéutica propiamente dicha se efectuaría recombinando el gen de la interleukina 2 a las células linfocitarias destinadas a ser reimplantadas en los enfermos. Estas informaciones no hacen sino reforzar nuestras palabras al actualizarlas. Nada indica que se entre por ello hoy en día en la era de la terapia genética. Esto dependerá, naturalmente, en gran parte del resultado que tengan estos experimentos...

IV

¿HACIA UNA BIOLOGÍA PLANETARIA?

Desde el fin de la Segunda Guerra Mundial, el público se ha familiarizado con el concepto de los proyectos «pesados»: el desarrollo de trenes rápidos, de la naveta espacial, de los nuevos satélites, de los supergeneradores (Superphénix), de las supercalculadoras, o de los grandes aceleradores de partículas.

La física predomina en estos proyectos; el gasto público es considerable. Teniendo en cuenta el gigantismo de los presupuestos necesarios para llevar a cabo estos inmensos programas, escalonados entre cinco y diez años, las grandes potencias se han comprometido en uniones de cooperación de carácter continental o intercontinental. La exploración espacial es, sin duda, el ejemplo más conocido.

Podemos pensar que este estado de cosas ha contribuido a situar a la física en una posición de predominio intelectual: ha representado durante mucho tiempo el prototipo de la ciencia moderna. Las ciencias de lo vivo, también ellas ciencias de la naturaleza, han ocupado durante largo tiempo un lugar secundario, si no es subordinado, en la imaginería social de la ciencia.

Pero uno de los rasgos más recientes de la nueva civilización tecnológica, que se construye ante nuestros ojos, está constituido, como testifica este libro, por la ascensión de las ciencias de lo vivo en esta imaginería. Las biotecnologías, acabamos de verlo, figuran desde ahora en un buen lugar en el palmarés de las tecnologías punta; y la trágica llegada del SIDA, en una sociedad que se creía al abrigo de las grandes enfermedades infecciosas, confiere una actualidad y una acuidad nuevas a las investigaciones de los biólogos.

Pero un nuevo elemento contribuye a esta ascensión o, si se quiere, a esta promoción: la biología empieza, con razón o sin ella, poco importa aquí, a inspirar, como la física, proyectos pesados y costoros.

Desearía evocar, para terminar, dos ejemplos de peso que presentan dos características comunes; por un lado, los dos proyectos se basan en una concepción universalista de la biología –concepción según la cual esta ciencia puede, en su dinámica actual, trastornar algunos de los fundamentos de esta sociedad para bien de todos; por otro lado, su realización puede proporcionar a las potencias que los han lanzado sólidas bazas políticas y económicas.

EL CONOCIMIENTO DEL GENOMA HUMANO

El primero de estos proyectos se conoce con el nombre de secuenciación del genoma humano. Fue inicialmente concebido y, por ahora, ampliamente desarrollado en los Estados Unidos; el segundo es objeto, desde hace poco, de una amplia movilización internacional; fue propuesto y, vamos a verlo, fuertemente impulsado por los japoneses, que coordinan su puesta en marcha, y se inspira en el concepto de una biónica renovada; se trata del programa «Fronteras humanas».

Desde hace algunos años, buen número de biólogos se interesa por el genoma humano. Podemos extrañarnos de que este interés sea tan tardío. Pero no hay que olvidar que el material hereditario escondido en el núcleo de nuestras células es uno de los más complejos, por su contenido en ADN y por el importante número de cromosomas —veintitrés pares— en el seno de los que se aloja la inmensa doble hélice de Watson y Crick. Durante tiempo, los biólogos tuvieron bastante que hacer con el mapa cromosómico de *Escherichia coli:* la bacteria sólo tiene un cromosoma circular; pero este cromosoma, digámoslo de nuevo, tiene no menos de dos mil genes. ¡Se concibe que su sólo análisis haya dado hilo que retorcer!

Hubo, pues, que esperar al inicio de los años sesenta para enfrentarse al problema de los cromosomas humanos. No se disponía entonces de ningún método fisicoquímico que permitiese fraccionarlos; se recurrió por ello a una estratagema procedente de los experimentos de hibridación celular somática; desde los trabajos de Barski se sabía que era posible obligar artificialmente a dos células procedentes de especies diferentes a fusionarse; se obtendrá, por ejemplo, un híbrido somático entre un fibroblasto humano y una célula hepática (hepatocito) de ratón; los núcleos procedentes de las dos células se asocian también en una sola entidad, y la célula híbrida es capaz de dar una descendencia cuando es cultivada *in vitro.*

Hecho notable, y todavía mal comprendido, los cromosomas humanos son eliminados poco a poco de este núcleo híbrido, mientras que los cromosomas de ratón persisten. Examinando las células de la descendencia, se pueden por lo tanto encontrar núcleos cuyos cromosomas son totalmente de tipo ratón, y que encierran además un número variable de cromosomas humanos, incluso a veces sólo uno. Se puede entonces deducir, de alguna manera por sustracción, que una propiedad expresada por la célula híbrida debe ser atribuida a tal o cual cromosoma particular de origen humano. Lo que permite, poco a poco, establecer la localización del determinante para un fenotipo humano específico.

Los primeros mapas cromosómicos del hombre fueron establecidos gracias a esta técnica. Luego, poco a poco, el arsenal de métodos físicos y fisicoquímicos se enriqueció. Se consigue hoy en día seleccionar los cromosomas ayudándose de máquinas especiales, capaces de apreciar el grado de fluorescencia de uno u otro después de su interacción con un reactivo apropiado, etc. Pero, sobre todo, desde que se dispone de sondas genéticas y de técnicas de recorte del ADN mediante enzimas de restricción, se puede someter al material hereditario de un determinado cromosoma, o de la totalidad del núcleo, a tratamientos que lo convierten en una multitud de fragmentos. Posteriormente, son separados por electroforesis en medio gelificado, es decir, bajo la influencia de potentes campos eléctricos; y se establece entonces lo que se llama el mapa físico del genoma.

El estudio de los genomas complejos hace furor y resulta de una eficacia notable. Se basa en la detección, en el seno de los cromosomas, de modificaciones químicas menores consecuencia de las mutaciones —mutaciones que hacen que no haya ningún individuo— genéticamente hablando, similar a otro, incluso con idéntica procedencia parental. Se ha podido calcular que este polimorfismo genético, del que hasta hace muy poco no se sabía apreciar el grado exacto por falta de técnicas suficientemente precisas, se traduce en un cambio en un par de bases del ADN con una frecuencia estadística de uno por mil; de forma que entre dos hermanos, por ejemplo, estos minicambios distintivos, neutros en cuanto a sus consecuencias fisiológicas, afectan a algunos millones de sitios químicos sobre el ADN. Estos cambios discretos sólo son detectables experimentalmente por las modificaciones que provocan en las modalidades de recorte por las enzimas de restricción: las longitudes de los fragmentos producidos difieren entonces sensiblemente. Es lo que los autores anglosajones llaman *Restriction Fragment Lenght Polymorphism* (o RFLP).

Puesto que existen sondas genéticas para estos sitios RFLP, se tiene un excelente método de localización que facilita en principio la localización de cualquier rasgo hereditario sobre los cromosomas. Se trata, por tanto, de una genética molecular indirecta de una increíble fecundidad. No olvidemos, sin embargo, que la antigua y comprobada técnica de análisis de lo que llaman los *pedigrees,* o estudios de distribución de un rasgo hereditario en la descendencia de una familia, aporta también muchas informaciones. Permite, por ejemplo, decidir si un gen alterado es llevado por un cromosoma sexual, si la mutación es dominante o recesiva, etc. Cuando la mutación en cuestión tiene como corolario modificaciones citológicas fácilmente observables al microscopio (roturas, translocaciones), se puede también asignar el gen diana de la mutación a los cromosomas particulares que contienen estas alteraciones.

Mediante la combinación de estos diversos acercamientos se ha conseguido localizar un número considerable de genes sobre el cromosoma del hombre: aproximadamente mil quinientos, si hay que creer las últimas estimaciones del Congreso internacional de genética humana que se celebró en París en 1987. ¡Pero estamos aún lejos de la cuenta! Juzguemos con algunos números, realmente impresionantes. Recordemos en efecto que el conjunto de los cromosomas del hombre, alojados en un núcleo celular, encierra el equivalente a tres mil millones de bases nucleicas. Suponiendo, en una aproximación grosera, que cada gen codifica como media para una proteína de masa cuarenta mil, se puede asignar a un gen una longitud correspondiente a mil doscientos pares de bases.

El núcleo de la célula humana tendría, por tanto, que contener dos millones y medio de genes. Pero en realidad, teniendo en cuenta que la mayor parte de ADN está desprovisto de propiedades de codificación (secuencias repetitivas, etc.) y a la vista de toda una serie de mediciones independientes, los biólogos están de acuerdo en decir que no existirían mucho más de cincuenta a cien mil genes funcionales distintos. Incluso así, con sólo mil quinientos genes localizados, la labor sigue siendo inmensa si se quiere conocer el emplazamiento, y más aún la naturaleza, de *todos* los demás genes del hombre.

Y aún conviene decir que sólo se ha establecido con precisión mediante clonaje la secuencia química de dos a trescientos de los genes ya localizados. Y es muy importante conocer esta secuencia. En efecto, a partir de las combinaciones del código genético, se puede fácilmente deducir de la secuencia química de un gen la de la proteína correspondiente. A su vez, el conocimiento de la proteína proporciona en la mayor parte de los casos informaciones extremadamente precisas sobre el modo de acción del gen estudiado; la proteína puede ser, por ejemplo, una hormona, una enzima, un elemento de la arquitectura celular, un factor de regulación.

Con este programa de fondo, los investigadores americanos han lanzado la idea, hace dos o tres años, de un programa internacional que movilice a un gran número de investigadores, considerables medios financieros, y que implica la concepción de nuevos instrumentos de medición automática, a fin de montar la secuencia completa del genoma humano.

¡Si nos atenemos a las técnicas presentes, se puede estimar que un proyecto como éste precisaría el trabajo de cientocincuenta a trescientos investigadores durante unos veinte años! Evidentemente, habrá que revisar a la baja esta estimación si se consigue, como se desea, construir nuevos secuenciadores automáticos. Los constructores americanos, japoneses y europeos se han puesto a la obra. Se espera que algunas de estas maquinarias tendrán la capacidad de leer la secuencia de varias decenas, incluso de varios centenares de miles de bases por día. Pero aún no estamos en ello. Y el coste de la operación estará entre uno y tres mil millones de dólares.

Una empresa tan colosal, tanto en sus aspectos financieros como en lo que respecta al expertizaje científico o logístico, no dejó de provocar numerosas polémicas en el seno de la comunidad científica de los países implicados, en cuya primera línea figuran, claro está, los Estados Unidos, iniciadores del proyecto. Un proyecto de ley ha sido depositado, cuyo fin es dar los medios federales a este programa. Cuatro cromosomas (8, 16, 19 y 21) han sido elegidos para ser secuenciados prioritariamente. El Department of Energy ha designado al Lawrence Berkeley Laboratory y los laboratorios de Los Álamos como «estructuras de soporte» de esta enorme empresa. La financiación procede a la vez del Estado federal y de diversas fundaciones con vocación científica, tales como la Howard Hughes Foundation. El National Institute of Health administra también un imponente programa.

Este desafío no dejó indiferente ni a los japoneses ni a los europeos. Los primeros apuestan mucho, acabamos de verlo, por la construcción de secuenciadores gigantes, apoyándose en su muy poderosa industria electrónica. Los segundos, aunque por el momento no parece que hayan tomado ninguna decisión multilateral a nivel de la Comunidad, multiplican consultas y reuniones y, con la ayuda de la poderosa DG XII*, empiezan a organizarse...

En Europa, como en otros lugares, las opiniones siguen divididas. ¿No sería mejor enfrentarse a genomas de dimensiones más pequeñas, si queremos comprender un algoritmo genético completo? ¿No serían más apropiados la levadura, la drosófila, el nemátodo o la planta *Arabidopsis?* Comprometerse en la carrera para la secuenciación del genoma humano no sólo será caro, sino que puede desviar durante un tiempo a los biólogos de proyectos que quizás sean más interesantes, en neurociencias, por ejemplo.

---

* DG XII: Dirección General n.º 12, que se encarga de ayudar al mantenimiento o al lanzamiento de los programas de investigación y desarrollo tecnológico en el seno de la Comunidad Europea.

Ciertamente, replican los defensores del proyecto, pero nada remplazará realmente el conocimiento del genoma humano para diagnosticar y combatir las enfermedades y, sobre las tres mil enfermedades repertoriadas y hereditariamente transmisibles, un buen número afectan al sistema nervioso. Pero no hay más que algunas decenas que hayan sido localizadas con precisión en lo que se refiere a las alteraciones genéticas correspondientes. Otros investigadores insisten más en el considerable interés que tendría la posibilidad de comparar el mapa genético completo del hombre con el de otros animales, especialmente el de los grandes primates, para profundizar nuestros conocimientos sobre las divisiones a lo largo de la evolución. Finalmente, algunos biólogos como el profesor Walter Gilbert, uno de los grandes promotores del proyecto americano, van aún más allá. Durante un reciente coloquio internacional, en Roma, sobre los temas de ética relacionados con el estudio del genoma humano, no dudaba en decirnos que el proyecto de secuenciación completo marca un giro decisivo no sólo en medicina preventiva, sino también en biología molecular.

Conocer toda la información genética codificada del hombre es tener acceso, al menos en una primera aproximación, a una multitud de datos relativos a los mecanismos que intervienen en su desarrollo, su fisiología, incluso sus comportamientos. Si el mundo industrializado se compromete en un proyecto de este tipo, los informáticos tendrán, entre otros, mucho que hacer con los biólogos para almacenar, seleccionar y tratar los datos. Convertir las informaciones lineales de las secuencias en estructuras proteicas de tres dimensiones, fabricar una miriada de anticuerpos contra los miles de proteínas desconocidas, intentar localizar estas proteínas en la célula y comparar su grado de expresión a lo largo del desarrollo normal y patológico –todo esto va a representar un trabajo gigantesco. Si, Gilbert sin duda tiene razón: se entraría efectivamente con ello en una nueva fase de la biología molecular, llamada del *Homo sapiens.* Muchos equipos se verían movilizados, y, sólo por ese hecho, podría tratarse de una situación de un alcance sociológico sin precedentes.

Pero es deseable examinar seriamente las implicaciones y las consecuencias éticas. Por ejemplo, ¿los datos sobre el hombre serán directamente accesibles a todos o comercializados? ¿Se trata realmente del proyecto más interesante y más útil a las ciencias de la vida? He aquí dos preguntas que pueden dar lugar a un amplio debate internacional.

FRONTERAS HUMANAS

En 1984, me encontraba en el Japón participando con mis colegas Jacques Ruffié y Michel Serres en un encuentro internacional: el primer ministro japonés, M. Nakasone, había invitado a una reunión muy solemne a un plantel de científicos, juristas, filósofos y teólogos procedentes de los siete países más industrializados. Se trataba de debatir, bajo un ángulo muy amplio, los problemas éticos planteados por los recientes desarrollos de la biología y sus aplicaciones.

Un año antes, François Mitterrand, de vuelta de un viaje a Williamsburg en el que asistió a una de las famosas cumbres de las grandes potencias, me había invitado a almorzar con algunas otras personas. Comentando sus impresiones, había manifestado su sorpresa frente a la actitud del primer ministro nipón: lejos de atenerse a la dialéctica habitual sobre los intercambios económicos, o el mercado de los transistores y la electrónica, M. Nakasone le había confiado su interés por cuestiones referentes a la biología y a la medicina. Tenía en mente una importante reunión sobre el cáncer. François Miterrand estaba extrañado por esta declaración de intereses en un campo que hasta entonces no parecía haber llamado la atención en Japón. Evidentemente, M. Nakasone, que estuvo algún tiempo encargado de la cartera de Salud pública, parecía querer mantener a partir de ese momento un discurso menos conforme a la imagen, cuando menos tecnificada y consumista, de su país.

La gran reunión pensada sobre el cáncer nunca tuvo lugar. En su lugar, el Japón decidió privilegiar una dimensión mucho más general de los problemas biomédicos. De ahí el primer coloquio de los países más ricos sobre bioética, en el que se reunieron los americanos, los canadienses, los japoneses y los europeos, coloquio cuya tradición no se ha roto desde entonces: el encuentro tiene lugar cada año, cada vez en un país distinto. El Japón se apuntó por lo tanto con esta iniciativa un punto no desdeñable en el damero político. Por ello, los que han tenido el privilegio de ir con frecuencia al Japón y de mantener relaciones regulares con su gobierno, sólo se sorprendieron con moderación al enterarse que este país proponía, a finales de 1985, el lanzamiento de un amplio proyecto de inspiración biomédica; proyecto bautizado desde sus inicios como Fronteras Humanas.

¿De qué se trataba? De participar en una empresa internacional cuyo polo debía situarse en el Japón, y cuya finalidad era nada menos que la reconstrucción de una sociedad con componentes técnicos, pero esta vez de inspiración biológica. Era la expresión de una nueva filosofía de los tiempos modernos, fundada ya no sobre una referencia un poco vaga a la naturaleza, sino sobre los conocimientos adquiridos a lo largo de estas últimas décadas en biología celular y molecular.

La idea esencial es expresada en el prólogo del documento japonés: nuestra sociedad tecnificada ha entrado en la fase de lo irreversible; irreversibilidad de la lógica de los tiempos presentes, pero irreversibilidad amenazadora, ya pagada al precio de numerosos traumatismos a menudo recordados desde el fin de la última guerra: polución, agotamiento de los recursos naturales, sobrecoste de energía, riesgos tecnológicos... La solución implicaría renovar, más que nuestras tecnologías, toda nuestra metodología, y para ello inspirarnos en las capacidades (y las «perfecciones») del mundo biológico, el cual, a lo largo de su evolución, ha conseguido llegar a un máximo de eficacia, de integración y de armonía. Este proyecto precede, se ve, de una especie de rousseaunismo reactualizado. El movimiento que preconiza se inspira en una forma renovada de la biónica, ciencia de la que debemos decir ahora algunas cosas.

El término de biónica fue introducido hace unos treinta años por un investigador americano, J. E. Steele, para designar investigaciones de carácter cibernético, es decir, que buscan analizar y sobre todo simular, gracias a determinadas máquinas, las funciones propias de los seres vivos. El término biónico proviene de hecho de la contracción de las palabras biología y electrónica.

Una de las características de los organismos vivos que

plantea ya de base un desafío a los cibernéticos es su complejidad: ¿no tiene la corteza humana no menos de diez mil millones de neuronas? No menos notables son sus facultades de adaptación y la economía de medios que utiliza. Durante tiempo, ayudándose de las matemáticas, y recurriendo a circuitos electrónicos, los investigadores se han esforzado en simular el sistema nervioso, así como los órganos sensoriales y efectores: también emprendieron el estudio del análisis de las formas *(pattern recognition).* Ya en 1933, N. Rashevsky había imaginado la posibilidad de esquematizar el funcionamiento de una neurona gracias a un elemento de decisión que pudiese existir en un estado binario, pasando del estado de reposo (no: 0) a un estado de excitación (sí: 1), en cuanto la suma de los estímulos aferentes sobrepase un determinado umbral.

Esto condujo al concepto de red neurónica, ensamblaje de elementos formales distintos de las neuronas celulares. Estos elementos están relacionados por conexiones, y la transmisión interneuronal puede responder a una facilitación o a una inhibición. Este formalismo permite interesantes desarrollos matemáticos, mostrando que el ensamblaje así concebido, aunque formado únicamente por elementos con potencial binario, puede conducir a la posibilidad de llevar a cabo operaciones complejas; puede especialmente simular la memoria, y adaptarse a situaciones impuestas. Entre las numerosas aplicaciones de esta biónica, o al menos las que aparecieron en una primera época, podemos citar: el diagnóstico médico, la meteorología... y toda una gama de situaciones que apelan al reconocimiento de agrupaciones de hechos morfológicos.

Otros investigadores (Haldan, Keffer, Hartline y William Reichardt) han tratado la visión en los invertebrados (los fotoreceptores del límulo, un artrópodo), o los vertebrados (trabajos de Lettwin, Matturana, McCulloch, W. Pitts, etc., sobre la retina de la paloma), los mecanismos del mando motor y la ejecución del movimiento por las fibras musculares, y, como ya hemos mencionado, los del reconocimiento de las formas visuales y sonoras.

El proyecto Fronteras Humanas implica un número demasiado grande de subdivisiones para poder hacer aquí su análisis exhaustivo. Éste necesitaría además varias «parrillas»: temática, disciplinaria, tecnológica, etc. El objetivo general consiste en captar el conjunto de los mecanismos biológicos y sico-pisiológicos partiendo del más «molecular» para ir hacia el más «cortical», si así se puede decir.

Se encaran tanto las interacciones moleculares, los mecanismos de la expresión genética y de la transducción celular, los grandes procesos bioenergéticos (con un claro predominio del interés por los modelos animales y el hombre antes que por el modelo vegetal) así como las funciones cognoscitivas superiores... La traducción concreta de cada uno de los pasos necesarios se tiene en cuenta: aplicaciones que interesan al campo farmacológico, la instrumentación; puesta a punto de nuevos trazadores, desarrollo de nuevos secuenciadores, aparatos de exploración anatomoclínica no invasiva, etc.

Se concibe que, ante la extensión de este programa y su ambición, las primeras reacciones de las grandes potencias hayan sido cuando menos reservadas. Se indicó a las autoridades japonesas (MITI, AST, embajadas...) que Fronteras Humanas corría el riesgo de competir con toda una serie de programas internacionales ya existentes; un esfuerzo tan importante en las direcciones propuestas podría frenar su realización. Los americanos, consultados (sobre todo el profesor J. Lederberg), recomendaron un cambio completo de contenido y preconizaron temas más relacionados con los problemas propios del tercer mundo. En cuanto a las diversas instancias diplomáticas, lo menos que se puede decir es que manifestaron un cierto sentimiento de pánico, no sólo ante el propio programa, sino ante la avalancha de movimientos japoneses que siguieron.

Si se añade que, al inicio, la comunidad científica japonesa y aún más el ministerio de Finanzas no parecían demostrar un gran entusiasmo frente a las propuestas del MITI, se pudo temer por la total desaparición del proyecto. Más aún cuando americanos y europeos no disimularon mucho sus temores al ver a Japón sacar provecho de esta amplia cooperación científica internacional para atraer a los cerebros más brillantes a su país, a fin de paliar el retraso que acusa en algunos campos de la investigación fundamental, el de la biología en particular. Conscientes de estas reservas, las autoridades japonesas, hacia el final del mandato de M. Nakasone, y luego con la llegada del nuevo primer ministro, M. Takeshida, decidieron modificar su estrategia.

Un comité de «posibilidades», bajo la presidencia del profesor Okamoto, presidente de la universidad de Kyoto, fue constituido. Sus miembros japoneses emprendieron una serie de visitas a distintas capitales mundiales e hicieron ver que el propio contenido del proyecto sería posteriormente determinado por una asamblea de expertos científicos internacionales, inspirándose sin embargo en dos grandes puntos: el estudio de las interacciones moleculares y las funciones cognoscitivas superiores. Precisaron además que Japón aseguraría la financiación de las principales operaciones (intercambio de investigadores, misiones, programas hermanados, coloquios, etc.) durante el transcurso de los dos primeros años de realización del programa. Consiguieron así reinstaurar un clima de confianza.

Hoy en día, el principio mismo del proyecto acaba de ser aprobado en el transcurso de la cumbre de las grandes potencias económicas en Toronto. ¡La máquina está pues lanzada! Si llega a la meta fijada, significaría que el imperio del Sol Naciente quiere convertirse, científicamente y también cultural y económicamente, en uno de los polos principales de la biología, de las biotecnologías, e incluso de la biónica en el mundo.

Sea cual sea la interpretación que se pueda dar a estas «grandes maniobras», sea cual sea el futuro destino de estos grandes proyectos, me parece evidente que la biología y los biólogos se encuentran en el centro de los envites políticos más serios. Se trata efectivamente del destino de nuestra civilización, a partir del momento en que los políticos intentan extraer todas las consecuencias prácticas, económicas, sociales y humanas, de la producción acelerada de los nuevos conocimientos.

Así es la biología hoy en día: tras un largo combate para liberarse de la tutela de la física y de la química, y también de la filosofía y de la religión, tuvo que definir mejor sus intenciones —comprender la estructura y el funcionamiento de lo vivo— y sus métodos. Tuvo en fin que liberarse del yugo de una medicina omnipotente, al precio de un pacto con sus antiguos señores, la física y la química. Pero hela aquí en fase de convertirse a su vez en tutelar. Orgullosa de sus éxitos, llevada por sus ambiciones, ¿no está convirtiéndose en el punto de convergencia privilegiado de las ciencias «duras»: matemáticas, físicas, química? Al menos, nadie rebatirá que se presenta ya como una ciencia integrada, que toma amplios préstamos de la informática y la termodinámica para elaborar sus modelos, después de haberlos tomado de la mecánica y la cibernética.

Tal es hoy en día la situación de los biólogos: nuestra sociedad, conscientemente o no, se vuelve hacia ellos como si su destino dependiese en gran medida de los progresos que realicen. Ya se trate de luchar contra el hambre o las enfermedades, de reducir la polución, de encontrar freno a los traumatismos de la vida en las megapolis, o de regular el crecimiento mundial, se espera mucho de los biólogos, consagrados como los grandes sabios de los tiempos modernos.

Aristóteles reservaba a la generación un lugar de preferencia entre las funciones propias de los seres vivos, debido a la extraordinaria importancia metafísica que va unida a la permanencia de la forma en la especie. Esta idea está tan anclada en el hombre que la genética, ciencia de la herencia, siempre ha suscitado algún temor y que en estos temas el público a menudo y desde hace tiempo ha confundido paso cognoscitivo y paso de intervención.

La agricultura y la ganadería nos han familiarizado ciertamente con el cambio voluntario, artesanal o científico, de la naturaleza naturante, pero se trataba más de un gesto utilitario que de un deseo deliberado de modificar lo vivo y sus características. Las técnicas de ADN recombinante, lo hemos visto, amplían hasta tal punto el potencial de intervención sobre las especies que la biología pone el dedo en la llaga de los grandes interrogantes de nuestras sociedades.

Así, por medio de su dimensión tecnológica, científica, y también moral y filosófica, «la biología, como escribe Bruno Rives, debe hacer frente a incitaciones, imperativos y poderes cada vez más presionantes que la proyectan hacia una escalada del artificio».

Es exaltante y difícil ser biólogo en nuestros días. Exaltante porque el desafío social y cultural es la propia medida de los fulgurantes progresos que ha conocido este disciplina. Difícil porque entre el canto de las sirenas, el temor «durkheiniano» de los moralistas, y los imperativos del rigor científico, el biólogo no sabe aún que actitud tomar: ¿la del repliegue bernardiano o la de la apertura? ¿Cómo mantener la cabeza fría y respectar escrúpulosamente las reglas y los criterios de la demanda científica, y a la vez, responder cívicamente, incluso humanamente, a la actitud de espera de un mundo que desea ver como se queman etapas? Más aún, ¿cómo evitar que, tal como la historia de los hombres nos enseñó hace algunas décadas, la biología no sirva de pretexto a las ideologías más mortíferas?

Deseo que estas pocas páginas puedan ayudar a cada uno, biólogo o no biólogo, a plantear correctamente estas temibles preguntas.

BIBLIOGRAFÍA

ATLAN, H., *A tort et à raison, incertitude de la science et du mythe,* Le Seuil, 1986.

BERNARD, J. y JACQUARD, A., *Cahiers du MURS,* n.° 1, octubre 1984.

BUICAN, D., *La révolution de l'évolution,* PUF, 1989.

DAGOGNET, F., *La Maîtrise du vivant,* col. «Histoire et Philosophie des sciences», Hachette, 1988.

DARBON, P. y ROBIN, J. (coords.), *Le Jaillissement des biotechnologies,* Fayard-Fondation Diderot, 1987.

GROS, F., *Les Secrets du gène,* Odile Jacob, 1986.

KAHN, A., *Médecine sciences,* J.-M. Robert, IV, 157, 1988.

KOURILSKY, P., *Les Artisans de l'hérédité,* Odile Jacob, 1987.

RIVES, B., *Biologie et Ethique,* UNESCO, 1978.

ROBIN, J., *Changer d'ère,* Le Seuil, 1989.

STUPFEL, M., *Environnement et Médecine,* Privat, 1986.

TETRY, A., *Jean Rostand, un homme du futur,* La Manufacture, 1988.

WATSON, J. D., *La Double Hélice,* Laffont, 1968, reedición «Pluriel», Hachette, 1984.

ÍNDICE